ESQUISSE

DE LA

PHRÉNOLOGIE

ET

DE SES APPLICATIONS

Ouvrages du même Auteur.

TABLEAUX PHRÉNOLOGIQUES :

Classification des facultés morales et intellectuelles de l'homme selon la phrénologie ; leur rôle, leur but dans la société, et les désordres auxquels donnent lieu leur excès ou leur défaut d'action, avec 24 portraits lithographiés : Gall, Spurzheim, Broussais, Richelieu, Sterne, Cook, Rubens, etc. 2 fr. 50 c.

Etude phrénologique du cerveau, avec 15 dessins d'anatomie descriptive des circonvolutions cérébrales et de coupes du cerveau, demi-grandeur de nature, dessinés par Beau. 2 fr. 50 c.

Etude phrénologique du crâne avec 15 dessins demi-grandeur de nature. Du développement du crâne aux divers âges, de coupes indiquant les rapports du cerveau avec son enveloppe osseuse, etc., dessinés et lithographiés par Beau. 2 fr. 50 c.

De l'Anatomie phrénologique avec une Note sur le plan d'*organisation du cerveau*, par le professeur *Broussais*, précédée d'une Notice, lue devant la Société royale de Londres, sur la *configuration des parties extérieures du cerveau*, par *Spurzheim*, traduite de l'anglais, avec 2 planches.

Considérations générales sur l'œuf des animaux vertébrés avec planche lithographiée.

Théorie et pratique des accouchements, avec un Appendice *médico-chirurgical* sur la *saignée* et la *vaccine*, atlas de 27 planches in-folio, cartonné. 20 fr.

SOUS PRESSE :

Education physique et morale de l'enfance.

Principes de physiologie appliqués à la conservation de la santé.

Traité théorique et pratique de phrénologie, d'après les ouvrages de Gall, Spurzheim et G. Combes, avec 200 gravures sur bois.

Imprimerie de E. Duverger, rue de Verneuil, 4

ESQUISSE

DE LA

PHRÉNOLOGIE

ET

DE SES APPLICATIONS

EXPOSÉES AUX GENS DU MONDE

.Par le Docteur **DEBOUT**

Ancien interne de la maison de Bicêtre,
ex-secrétaire de la société phrénologique de Paris,
correspondant des sociétés phrénologiques
de Londres et d'Edimbourg, etc.

PARIS

H. LEBRUN, LIBRAIRE-COMMISSIONNAIRE

RUE DES PETITS-AUGUSTINS, n° 6

Et chez l'Auteur, rue de la Chaussée-d'Antin, 38

1845

OBJET

ET

PLAN DU LIVRE

Toutes les nouvelles découvertes, dans les sciences ou dans les arts, ont un sort commun. Elles commencent par être mal écoutées, et par conséquent faussement interprétées par le mauvais vouloir; l'ignorance entêtée les met en doute jusqu'au moment où, suivant la belle expression d'Evarus, on ait approché le flambeau assez près des aveugles pour que, s'ils n'en voient pas la lumière, ils en sentent la chaleur. La phrénologie a subi cette loi. Si elle a eu des apôtres fervents, hommes éclairés et de progrès, dont les noms inspirent le respect et l'admiration, les détracteurs ne lui ont pas manqué. Parmi ces derniers, pour la plupart antagonistes obscurs, on a compté cependant des hommes d'une valeur incontestable. Du reste, ce fait n'appartient pas seulement à notre sujet; trop souvent, pour les choses graves et importantes, la parole qui détourne la foule du nouveau sentier est une voix savante dont l'écho fait loi. C'est qu'hélas! plus que d'autres peut-être, les savants sont sujets à une infirmité de notre nature; chez eux l'amour de la vérité le cède à l'amour-propre. Voir une nouvelle doctrine abattre d'un coup le système auquel on a consacré toutes ses veilles, voilà qui doit blesser singulièrement; retomber de la chaire sur les bancs de l'école, cela se peut-il? Quelle que soit donc cette doctrine, vérité ou paradoxe, il faut la combattre aveuglément. La science, qui jusqu'alors a paru suffisante, fournira des armes bien trempées, d'autant plus dangereuses aux novateurs, et par suite nuisibles au public, que ceux qui les brandissent sont érudits et exercés.

On pense bien que dans ce petit livre notre intention n'est point de réfuter pied à pied les objections, — non pas celles de nos adversaires sans valeur, il suffit d'énoncer les premiers éléments de la science pour voir reculer leur ignorance, — mais les objections des savants et des écrivains sérieux. Ce travail, pour être compris des lecteurs à qui nous nous adressons, supposerait chez eux des études spéciales ; il exigerait tout au moins de notre part un préambule qui, trop court, serait incomplet, conséquemment sans utilité ; et qui, plus développé, dépasserait de beaucoup les limites que nous nous sommes imposées.

Ce que nous voulons, c'est détruire certains préjugés nés d'idées fausses, et amener la conviction dans les esprits ; ensuite nous dirons quels importants problèmes la science est appelée à résoudre dans l'éducation et dans les arts. Tout le monde croit aux aérostats sans pour cela connaître les lois de la pesanteur spécifique des gaz sur lesquelles elle repose. Commençons donc par déterminer la foi en la phrénologie ; un livre qui démontrera par la théorie les résultats acquis ne sera nécessaire que plus tard. Pour arriver à ce but, nous procéderons comme le philosophe de l'antiquité : il marcha pour prouver le mouvement ; nous répondrons aux objections par des faits, car, ainsi que Montesquieu l'a fort bien dit, les faits sont les meilleures preuves : un fait est un raisonnement, plus une preuve.

TABLE DES MATIÈRES

CHAPITRE IV.

DES FAITS.

CHAPITRE V.

APPLICATION A LA POLITIQUE. — ROLE DE LA FEMME.

CHAPITRE VI.

APPLICATION A L'ÉDUCATION.

CHAPITRE VII.

APPLICATION AUX BEAUX-ARTS.

CHAPITRE VIII.

APPLICATION AU SYSTÈME PÉNITENTIAIRE.

LISTE DES GRAVURES SUR BOIS.

FIN DE LA TABLE.

ESQUISSE

DE LA

PHRÉNOLOGIE

ET

DE SES APPLICATIONS

CHAPITRE PREMIER.

HISTOIRE DE LA SCIENCE.

Les sciences ne sont pas de l'invention des hommes ; elles existent, et ils en subissent les lois à leur insu, jusqu'à ce qu'un penseur soit amené, par une circonstance que le monde nomme le hasard, à observer une de leurs manifestations. Dès qu'il a trouvé le filon précieux, son intelligence le suit et met au grand jour les trésors cachés. Le mineur n'a pas créé le métal qu'il arrache à la terre ; le savant non plus n'a point inventé qu'un et un égalent deux et que deux fois deux font quatre. Avant Galilée, la lampe suspendue à la voûte de la cathédrale de Pise n'avait-elle pas toujours suivi dans ses oscillations le mouvement qui amena le philosophe à établir la théorie du pendule ? Qu de pommiers ont secoué leurs branches jusqu'au jour où Newton a su interpréter la chute d'un fruit. L'histoire de la phrénologie présente le même caractère.

Fort jeune encore, Gall, dont l'esprit d'observation se manifestait déjà à un haut degré, fut conduit à faire sa première remarque. Plusieurs des camarades d'études sur lesquels il l'emportait dans les compositions écrites le dépassaient dans les examens où la mémoire joue le premier rôle.

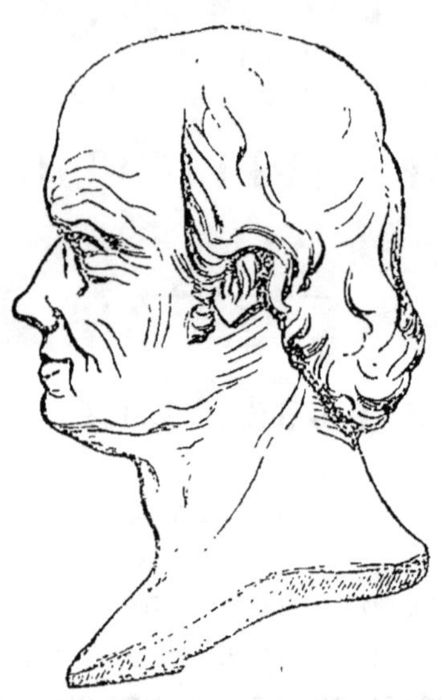

L'enfance du célèbre docteur fut assez nomade. Sixième fils des dix enfants d'un honnête marchand de Tiefenbrunn, village du grand-duché de Bade, il fut d'abord confié aux soins de son oncle, vénérable ecclésiastique qui lui donna les premières leçons. A Baden, ses études devinrent plus sérieuses; à Bruchsal, il termina ses humanités, puis il vint à Strasbourg où il reçut les leçons d'anatomie du célèbre professeur Hermann. Dans chacune de ces étapes sur le chemin de la science, le jeune homme éprouva le même sort; les élèves doués d'une mémoire heureuse lui enlevaient toujours la place que ses compositions lui avaient obtenue. Ce ne fut pas sans quelque étonnement qu'il aperçut que ces jeunes gens avaient tous un point commun de ressemblance : leurs yeux étaient gros et saillants.

Gall comprit que cette particularité ne pouvait être attribuée au hasard. Il en vint donc à réfléchir, que puisque la mémoire se manifestait par des signes antérieurs, il en devait être de même des autres facultés de l'entendement. Dès lors, il voua sa vie à ces travaux dont il entrevoyait les immenses résultats.

Cette première observation sur les yeux des personnes qui possèdent la faculté de la mémoire, fut la base de la doctrine phrénologique. Les exemples que nous citerons dans les chapitres suivants, en comparant les bustes laissés par les artistes consciencieux de l'antiquité avec les caractères, tracés par l'histoire, des personnages qu'ils représentent, serviront à démontrer que la phrénologie n'est point seulement un système, mais bien une science dont le docteur Gall fut le révélateur.

Suivre le docteur Gall dans l'accomplissement de son œuvre est un travail d'un puissant intérêt. Il se dégagea des divisions de l'école[1] pour rechercher les caractères fondamentaux des facultés de l'âme, et s'attacha aux distinctions que la société en a faites. Il compara donc entre elles les têtes des musiciens, celles des poëtes ; il examina et moula, autant qu'il le put, les crânes des hommes doués d'un talent ou d'une faculté remarquable. Rien ne l'arrêta ; on lui ouvrit les portes des prisons et des bagnes ;

---

(1) L'école philosophique n'admettait jusque-là que quatre facultés : la *mémoire*, le *jugement*, l'*imagination* et la *réflexion*.

les têtes des suppliciés lui furent remises. Les hôpitaux d'aliénés présentèrent encore un vaste champ à ses études. Pour confirmer ses observations, il réunit souvent des gens du peuple. La bonhomie avec laquelle il les recevait, et la façon large dont il les traitait les mettaient tellement à leur aise, qu'ils n'avaient plus de secrets pour lui ; *in vino veritas*, dit un vieil adage latin ; ils s'accusaient alors mutuellement de leurs penchants devant l'amphitryon qui faisait servir leur abandon au profit de la science.

Gall a laissé le récit de ses premiers travaux ; lorsque nous en viendrons au chapitre des faits, nous lui emprunterons plusieurs anecdotes curieuses consignées dans ses mémoires.

Après avoir multiplié les essais, le philosophe, fort de ses recherches, et déjà riche d'expérimentations, ouvrit un cours à Vienne, en 1796. Ses leçons furent suivies par un grand nombre d'élèves, parmi lesquels se distingua Spurzheim qui devint plus tard son collaborateur, et l'un des plus zélés propagateurs de la doctrine phrénologique. Bientôt il dut suspendre ses leçons, et quitter Vienne. L'autorité autrichienne l'accusa de matérialisme.

(Ce reproche a été bien souvent ramassé ; il n'est pas jusqu'à Napoléon, dont le despotisme s'effrayait de toute idée nouvelle, qui ne l'ait jeté à la tête de Gall. Comme il n'y a qu'un mot à dire pour faire évanouir cette accusation, nous lui donnons place ici avant de passer outre.

— Niez-vous le libre arbitre quand votre bras se refuse à remuer un poids que votre volonté lui commande de soulever ? Evidemment non. Eh bien ! la phrénologie démontre que le système des facultés de l'intelligence, dont la condition matérielle est le cerveau, se trouve semblable au système musculaire exécutant les mouvements du corps; elle dit que si, par exemple, l'organe de la mémoire des mots est faiblement prononcé chez une personne, cette personne aura plus de difficulté qu'une autre à retenir une leçon. D'ailleurs, elle admet une gymnastique cérébrale propre à développer les facultés intellectuelles; et elle prouve, qu'ainsi que le bras, avec un exercice souvent répété, acquiert une force plus grande, de même la mémoire, avec un exercice répété, finit par retenir tous les mots. Il s'ensuit donc que l'objection de matérialisme demeure sans fondement.)

Malgré l'interdit lancé par la cour de Vienne, le professeur était devenu célèbre. Son cours avait eu du retentissement. Le voyage qu'il entreprit à travers l'Allemagne fut presque un triomphe. Les rois, les savants et les artistes lui demandaient l'initiation à la science, et l'aidaient à compléter sa collection.

Paris, ce grand Océan vers lequel affluent toutes les hautes intelligences, attendait Gall depuis longtemps. Il y commença, en 1807, un cours à l'Athénée où il retrouva la même foule qu'en Allemagne. Mais à Paris comme à Vienne, une opposition puissante, haineuse et peu éclairée, s'éleva contre lui. Malgré l'opinion de Corvisart et de Larrey qu'on comptait parmi ses admirateurs, le pouvoir impérial, nous l'avons mentionné plus haut, fit la guerre au professeur allemand avec l'arme dangereuse de l'impuissance et de la raillerie. Gall s'émut peu de semblables piqûres; il se contentait de publier ses ouvrages, avec lesquels, aux yeux des savants, il écrasait l'essaim de ces moucherons serviles.

En 1819, il voulut faire de la France sa patrie adoptive. Une ordonnance royale lui octroya des lettres de naturalisation. On lui conseilla alors de se présenter à l'Académie des Sciences, mais il y échoua. Cet échec qui lui fut fort sensible, et l'état de ses affaires que les dépenses, nécessitées par les recherches philosophiques, avaient dérangées, l'engagèrent à aller professer en Angleterre. Ses espérances, de ce côté, furent encore déçues. Ce n'était pas à lui qu'il était donné de poser les fondements de la phrénologie dans la Grande-Bretagne. Il revint donc à Paris où il reprit ses cours, et acheva la publication de son dernier ouvrage. Enfin, le 22 août 1828, il succomba à une longue et douloureuse maladie.

Son crâne, d'après ses dernières volontés, vint compléter la collection craniologique à laquelle il avait donné tous ses soins, et dont le Muséum d'histoire naturelle a fait l'acquisition.

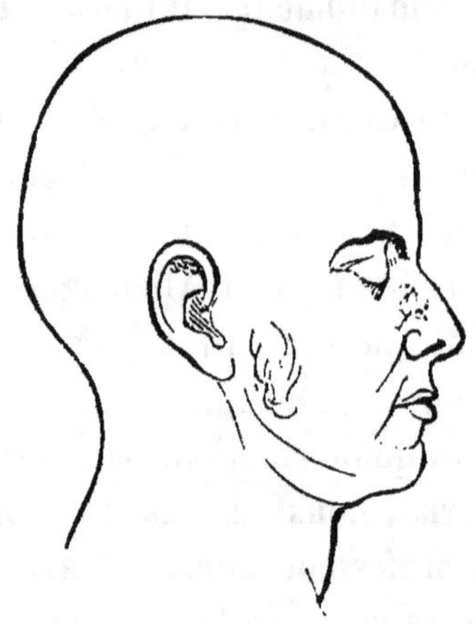

Tandis que Gall luttait ainsi en France, Spurzheim, que nous avons vu, au cours de Vienne, disciple fervent du maître, après avoir suivi et aidé le professeur dans ses travaux, se sépara de lui pour aller prêcher sa doctrine dans d'autres pays.

Vers 1814, Londres l'accueillit avec estime ; Edimbourg, le centre des lumières des trois royaumes, était cependant loin d'adopter son système. Quelques articles violents et même injurieux, publiés dans la *Revue d'Edimbourg* par le docteur Gordon, donnèrent à Spurzheim l'occasion d'une réfutation où l'avantage resta tout entier au phrénologiste. Il se rendit en Ecosse ; là, dans l'amphithéâtre même de l'auteur, et la *revue* à la main, il opposa des faits convaincants aux assertions de l'article, et les détruisit complétement. Ce succès, obtenu devant un public nombreux, ébranla les doutes et attira définitivement l'attention des hommes sérieux sur la science. Dès lors on commença à tenter l'application de la phrénologie.

Le professeur retourna en France. En 1824 il ouvrit un cours, que le gouvernement intelligent d'alors, cédant aux mesquines passions de la coterie, défendit aussitôt. Londres le rappela en 1825 ; l'enthousiasme s'empara des savants anglais, et les progrès de la phrénologie furent tels que Spurzheim s'en étonna lui-même. « Le docteur « Gall et moi, » dit-il un jour dans un banquet que lui donna la société phrénologique d'Edimbourg, « nous « avons souvent causé de l'admission future de nos doc- « trines. Bien que nous eussions pleine confiance dans « les lois invariables du Créateur, cependant nous n'a- « vions jamais espéré de les voir, durant notre vie, aussi « généralement admises qu'elles le sont aujourd'hui. »

En 1832, il partit pour l'Amérique. Sa doctrine, qu'il exposa aux États-Unis, y fut accueillie de la manière la plus favorable. Mais ses efforts et son zèle, que les succès et les résultats obtenus augmentaient chaque jour, altérèrent sa santé ; le climat, dont les variations sont si fatales aux Européens, y joignit une fâcheuse influence. Il tomba malade à Boston, et y mourut bientôt après, le 10 novembre 1832, à l'âge de cinquante-six ans.

Comme Gall, Spurzheim voulut que son crâne fournit une nouvelle preuve de sa doctrine; des copies en plâtre en furent envoyées à toutes les sociétés phrénologiques.

Les travaux de Spurzheim sont extrêmement remarquables; ils ont fait faire d'immenses progrès à la science. C'est à lui qu'on doit la division philosophique des facultés de l'homme en trois groupes, que nous ferons connaître dans un chapitre suivant. Il a aussi rectifié la nomenclature de Gall, dont certains points vicieux furent, à bon droit, critiqués et réfutés. Gall avait confondu les penchants naturels avec les manifestations qui en résultent, et qui reçoivent de la société telle ou telle qualification. Il admit ainsi un *organe du vol*, tandis que cette tendance n'est qu'un abus de l'instinct, dont tout homme est doué, du désir d'acquérir; instinct qui, bien dirigé, ne donne que d'heureux résultats. On conçoit que cette manière de philosopher, qui signalait l'abus d'une faculté pour la faculté elle-même, admettait chez l'homme des facultés fatalement mauvaises et devait éloigner de la doctrine phrénologique. Il était nécessaire de débarrasser la science de ces défectuosités; ce fut l'œuvre de Spurzheim.

Après la mort de Gall et de Spurzheim, la phrénologie n'est pas restée sans interprète; elle a déjà même reçu des applications nombreuses. L'Angleterre, **qui a** pris l'initiative, possède plusieurs sociétés phrénologiques; grâce au zèle éclairé de **MM.** Combe et Deville, elles font marcher rapidement la science. A Paris, les esprits élevés ne sont pas restés indifférents; ils n'ont point manqué à la phrénologie. Les leçons du docteur Broussais, qui a laissé un si grand nom dans la médecine, sont encore présentes à la mémoire de ses auditeurs. Le musée de M. Dumoutier, composé de près de douze cents pièces, celui de M. Vimont, dont les recherches ont complété les observations relatives aux animaux commencées par Gall et Spurzheim, ont facilité son étude. Enfin les travaux de MM. Fossati, Voisin, Bouillaud, Cas. Broussais, et ceux de la société phrénologique de Paris, ont aussi donné à la science une direction d'une utilité pratique.

L'éducation y a puisé des données, et la médecine lui doit aujourd'hui plus d'une cure. Le docteur Ferrus, inspecteur général des maisons d'aliénés, l'employait à Bicêtre dans le traitement des malades confiés à ses soins. Quelquefois encore la justice lui a demandé le secours de ses lumières pour pénétrer le secret de plus d'une affaire criminelle ; elle lui devra plus tard la réforme demandée depuis si longtemps dans le système pénitentiaire. La parole grave d'un magistrat s'est déjà fait entendre devant la Cour de cassation, pour éveiller à ce sujet l'attention des législateurs.

Mais nous devons ici nous contenter de mentionner les faits afin de ne pas sortir des limites de ce chapitre, qui ne doit être qu'un aperçu de l'histoire de la phrénologie ; nous les détaillerons plus loin et plus au long. Ce que nous voulons seulement chercher à bien faire comprendre, c'est qu'une doctrine, dont l'apparition a causé une aussi grande sensation, qui a vaincu l'incrédulité, et qui compte parmi ses adeptes les noms des savants et des praticiens les plus célèbres ; qu'une doctrine dont les applications tentées jusqu'à ce jour, sur une petite échelle encore, il est vrai, mais sur toutes les branches de la civilisation, ont obtenu un succès éclatant et complet ; qu'une doctrine enfin qui tend à être universelle, est véritablement une science à laquelle on ne doit point rester étranger, et dont la propagation devient un devoir pour tous les hommes préoccupés de l'avenir et du bonheur de la société.

CHAPITRE II.

QUELQUES MOTS SUR LE CRANE ET LE CERVEAU.

Afin que nos lecteurs puissent suivre plus facilement les faits que nous leur exposerons, nous allons consacrer ce chapitre à la description aussi claire et aussi concise que possible, du cerveau et du crâne, en tant que la connaissance en est indispensable pour l'étude de la phrénologie.

Beaucoup de personnes croient que c'est par ses recherches anatomiques que Gall est arrivé à la découverte des fonctions du cerveau ; il n'en est rien. Pour tous les organes, la connaissance de leurs fonctions a toujours précédé l'étude de leur structure, et le cerveau n'a pas échappé à cette loi générale ; aussi est-ce un axiome en physiologie que la dissection ne saurait nous apprendre les usages des parties, l'aspect du nerf optique ou du nerf auditif n'a pu nous révéler qu'ils sont organisés, l'un pour percevoir la lumière, l'autre les sons ? L'observation seule nous a appris que l'œil est destiné à la vision, comme l'oreille à l'audition, et que les nerfs qui se rendent à ces organes sont la condition principale de leur faculté sensoriale. De même pour les circonvolutions cérébrales : c'est par l'induction, et par l'observation, que le docteur Gall est arrivé à reconnaître qu'elles sont le siége des facultés et des instincts. C'est en comparant chez un grand nombre d'individus, les manifestations de la pensée avec le développement du cerveau ou du crâne qui le représente au dehors, qu'il édifia son admirable système. Nous n'aurons donc pas à nous étendre beaucoup sur l'étude anatomique du cerveau.

La forme générale de la tête est donnée par celle des parties osseuses surtout, pour la partie supérieure où le crâne est recouvert seulement d'une simple couche de peau qu'on désigne sous le nom de téguments du crâne ou cuir chevelu, ainsi qu'on le voit sur cette tête.

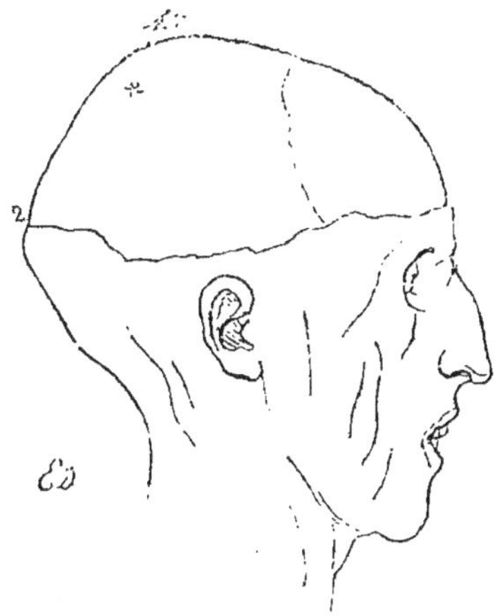

Dans le langage habituel, l'expression de *crâne* a une trop grande étendue, puisqu'on s'en sert généralement pour désigner toute la charpente osseuse de la tête.

La *charpente osseuse de la tête* se compose de deux parties bien distinctes : l'une, placée à la partie inférieure, est destinée à recéler et protéger les principaux organes des sens, comme les cavités des orbites, les fosses nasales, etc. : c'est *la face*.

L'autre, et celle-là seule occupe le phrénologiste, renferme le cerveau : c'est le *crâne*. Sur cette figure, toute la partie cranienne est indiquée par la division des organes.

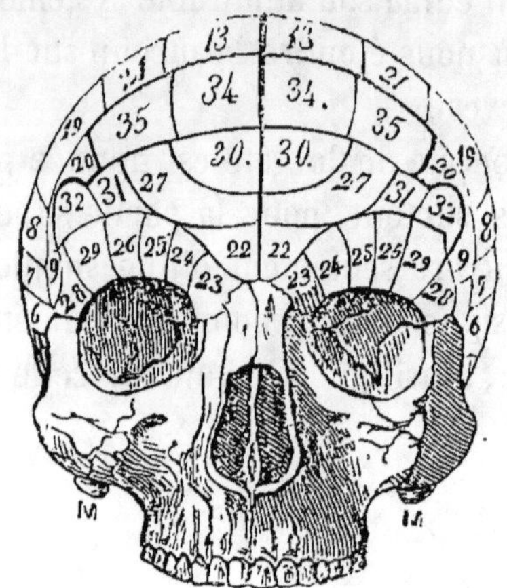

Cette portion se compose de huit pièces osseuses auxquelles la science a donné des noms. Pour que le lecteur puisse les distinguer, et bien comprendre leur forme individuelle, ainsi que la manière dont chacune d'elles concourt à la formation de cette partie du squelette humain, nous donnons un dessin où elles se trouvent isolées les unes des autres.

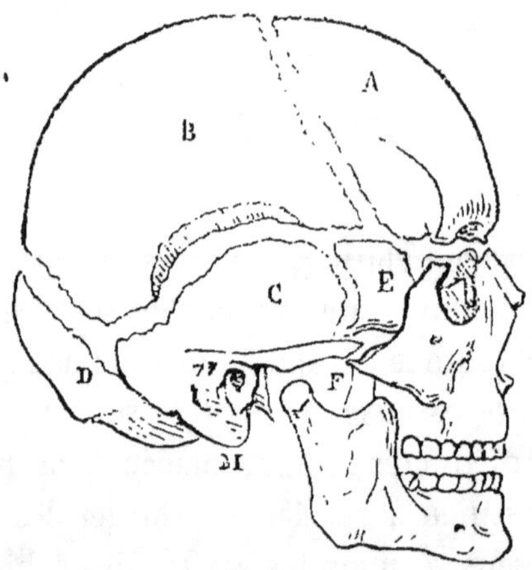

Le *frontal* ou *coronal* A, occupe toute la partie antérieure et constitue le front.

Il se recourbe à sa partie inférieure pour former la voûte des orbites, laissant à sa base une échancrure assez large qui reçoit un petit os, placé au-dessous, appelé *ethmoïde*.

En haut, le coronal s'étend jusque vers le milieu de la partie supérieure où il se joint aux *pariétaux* B, situés de chaque côté du crâne dont ils constituent les parois latérales supérieures : la forme en est quadrilatère. Du frontal, ces os s'étendent à l'*occipital* D.

Les *temporaux* C sont situés au-dessous des pariétaux ; ils sont très irréguliers dans leur forme, et présentent à leur face interne, une éminence pyramidale, le *rocher*, dans l'intérieur duquel se trouve l'organe de l'ouïe.

La face externe de ces temporaux offre deux saillies osseuses, la branche *zygomatique* F et l'*apophyse mastoïde* M que l'on regarde quelquefois, mais à tort, comme les développements d'un organe du cerveau, tandis qu'elles servent seulement de point d'attache à certains muscles.

L'*occipital* D, placé à la partie postérieure inférieure du crâne, présente la forme d'un losange recourbé sur lui-même.

La partie inférieure présente un large trou qui donne passage à la moelle épinière.

Enfin la base du crâne est complétée par le *sphénoïde* E, os multiforme, tirant son nom d'un mot grec σφην qui signifie *coin*, parce qu'il se trouve enclavé dans les os de la tête comme un coin dans une pièce de bois. Cet os, ainsi que l'ethmoïde, par leur situation profonde se soustraient en partie à l'examen.

Ces os s'engrènent les uns dans les autres, formant ainsi les sutures qui se dessinent en lignes irrégulières à la

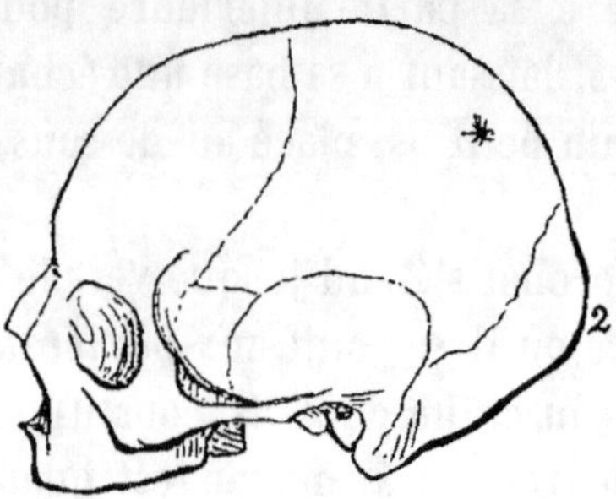

surface. Ces os, que la plupart des anatomistes décrivent avec beaucoup de soin comme ayant toujours la même configuration, présentent des différences d'étendue et de forme en proportion du développement des parties cérébrales qu'elles recouvrent. Ainsi, chez les idiots, où le développement cérébral a été arrêté, la mutilation organique portant principalement sur la partie antérieure, le frontal est plus petit que dans l'état normal.

Ceci nous amène à l'histoire du *développement du crâne* qui est un des points les plus importants de notre étude ; car la crânioscopie, c'est-à-dire l'induction de la forme du cerveau d'après celle du crâne, n'a de valeur qu'autant qu'il sera démontré que le cerveau commande la forme de l'enveloppe osseuse. Bien que ce soit un fait, il a besoin d'être prouvé ; car, au premier aspect, il semble plus vraisemblable que le cerveau, qui est mou et pulpeux, prenne la forme du crâne, lequel est dur et résistant, plutôt que de lui donner la sienne.

Si nous remontons aux premières évolutions de l'être dans le sein de sa mère, nous voyons, ainsi que Gall l'a observé, que, pendant les six premières semaines, le cerveau existe avant qu'il y ait aucune partie osseuse ; cependant cet organe est déjà revêtu de ses diverses enveloppes, mais celle qui doit plus tard constituer le crâne est, à cette époque, une membrane cartilagineuse, molle, flexible et d'une ténuité extrême, qui se moule avec les autres membranes sur le cerveau, et représente exactement sa forme extérieure.

A partir de la huitième semaine commence l'ossification de cette membrane cartilagineuse. Le dépôt de la matière calcaire ayant lieu dans l'épaisseur du tissu de cette membrane, qui elle-même est moulée sur le cerveau qu'elle enveloppe, il est évident que les différentes formes de tête que présentent les enfants en naissant sont le résultat de la forme différente de leur cerveau.

Une fois l'ossification terminée, les changements successifs observés sur le crâne aux divers âges de la vie sont dus à une autre cause. Toutes les parties de notre corps sont sans cesse composées et décomposées; la matière qui en fait la base aujourd'hui est rejetée au dehors par les excrétions, tandis qu'une autre matière, que l'alimentation fournit, vient la remplacer. Le cerveau et le crâne offrent cette composition et cette décomposition comme tous les autres organes du corps; et par suite de l'harmonie que la nature a voulu établir entre ces deux parties, le cerveau, à toutes les époques et dans toutes les circonstances, commande les directions nouvelles dans lesquelles la nutrition du crâne doit se faire : de même que, dans le principe, il avait commandé son ossification primitive. Le cerveau, devenant d'une dimension plus grande, force l'ossification du crâne à se faire sur de plus grands contours, soit sur la totalité, soit en des endroits particuliers.

Les cas d'hydrocéphalie prouvent la facilité avec laquelle le tissu osseux, malgré sa dureté, cède à la compression des parties molles qu'il doit protéger. Dans ces affections, le cerveau, on le sait, est distendu par un amas d'eau accumulée dans les cavités cérébrales ; non-seulement le crâne participe à cette extension générale, mais la surface interne nous présente encore des vestiges d'éminences et de dépressions d'autant plus faibles que le déplissement des circonvolutions est plus complet.

Arrivons actuellement à quelques notions générales sur la configuration du cerveau.

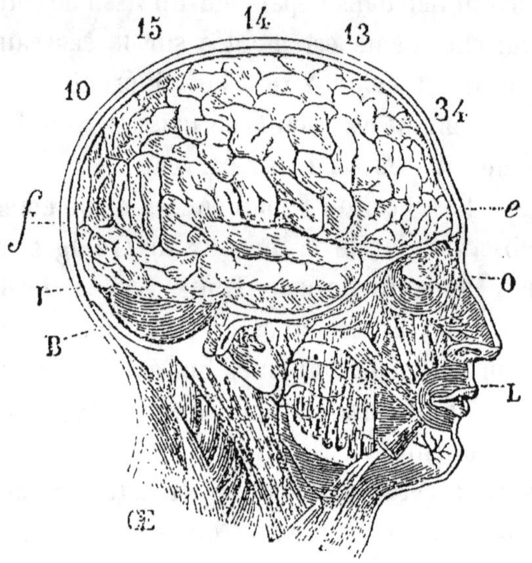

On divise la masse cérébrale en deux parties principales : l'une supérieure, formant la plus grande partie de la masse, c'est le *cerveau* proprement dit ; l'autre inférieure, beaucoup plus petite, c'est le *cervelet* B.

Dans l'état normal, le cerveau *f e* remplit exactement la cavité du crâne, comme on le voit dans la figure, où une moitié de la boîte osseuse a été enlevée. Les replis nombreux et irréguliers sont les *circonvolutions cérébrales*, séparées les unes des autres par des sillons plus ou moins profonds appelés *anfractuosités*.

Le cerveau est partagé dans toute sa longueur par une fente qu'on nomme *grande scissure médiane*.

Les deux parties semblables, l'une *droite* A, l'autre *gauche* B, qui en résultent, ont été improprement appelées *hémisphères*, puisque leur forme est celle d'un quart

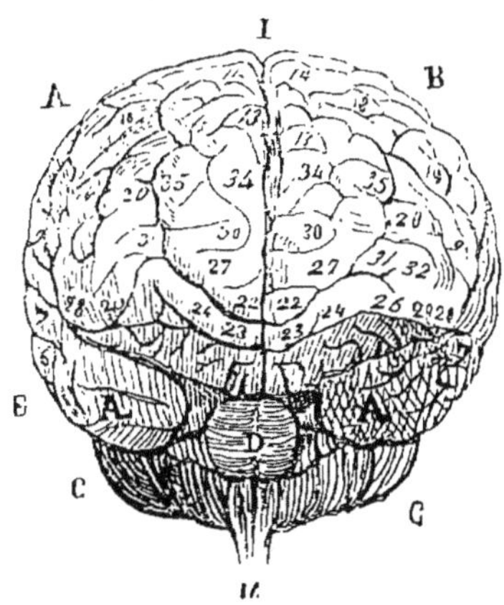

d'ovoïde. Galien les désignait sous les noms de *cerveau droit* et *cerveau gauche*. Cette dénomination, beaucoup plus physiologique, devrait être adoptée surtout par les phrénologistes. La grande scissure I divise le cerveau dans toute sa hauteur ; seulement, en avant et en arrière, à la partie moyenne, elle est arrêtée par le corps calleux désigné par Gall sous le nom de *grande commissure du cerveau.*

Le cervelet *c c* est composé également de deux parties semblables ; il est logé dans la fosse occipitale B, comme on le voit dans la figure précédente ; les sillons que présente la face externe sont très rapprochés et non tortueux comme dans le cerveau, de sorte qu'il en résulte des *feuillets* ou *lames* au lieu de circonvolutions qui appartiennent aux hémisphères cérébraux. Il y a deux cerveaux et deux cervelets, comme il y a deux moelles épinières.

2.

« Galien qui se demande pourquoi, dit M. Cruveilher, répond que par là les facultés cérébrales sont mieux assurées. » Nous pouvons ajouter aujourd'hui que chaque faculté a deux organes qui se trouvent placés des deux côtés de la tête.

Puisque le cerveau commande la forme du crâne, il est presque inutile d'énoncer que cet organe remplit exactement toute la cavité de la boîte osseuse. La simple inspection de cette figure ne doit laisser aucun doute à cet égard.

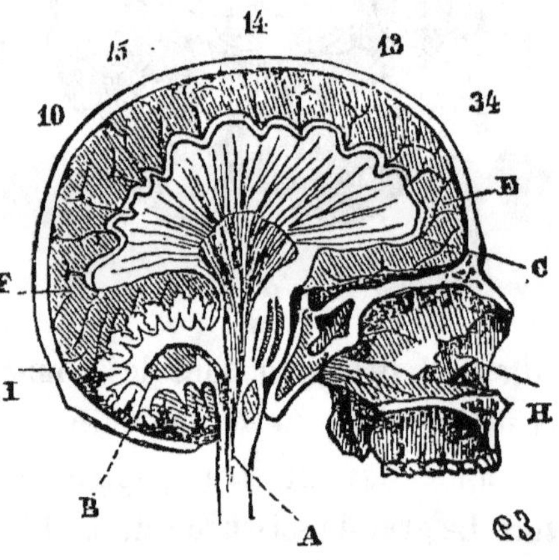

En nous donnant la section du crâne, cette figure nous montre encore les deux *lames* ou *tables*, l'une externe et l'autre interne, dont cette portion de la charpente osseuse de la tête se trouve composée. Cette particularité de la structure du crâne est un point important; car certains anatomistes, instruits par l'étude des faits que nous avons rapportés, tout en accordant que la forme du crâne permet de préjuger celle du cerveau, ont nié cependant qu'on pût déterminer le développement des diverses parties cérébrales par le développement proportionnel des portions du crâne qui les recouvre, et cela avec assez d'exactitude pour porter des jugements aussi précis que le prétend la cranioscopie, à cause du manque de parallélisme exact des deux tables, séparées qu'elles sont entre elles par une substance spongieuse appelée *diploé*.

Je ne relèverais même point cette objection si elle n'avait pour cause une erreur assez générale : beaucoup de personnes croient qu'il est indispensable, dans l'examen d'une tête, d'apprécier les *moindres différences* de surface, et que le développement d'un organe est seulement déterminé par le *degré de saillie* qu'il donne à l'extérieur de la tête.

Nous avons démontré dans un autre ouvrage que les organes cérébraux n'étaient pas constitués seulement par les circonvolutions, mais encore qu'il fallait, pour apprécier d'une manière exacte leur volume, tenir compte de la longueur des fibres qui viennent former ces replis par leur

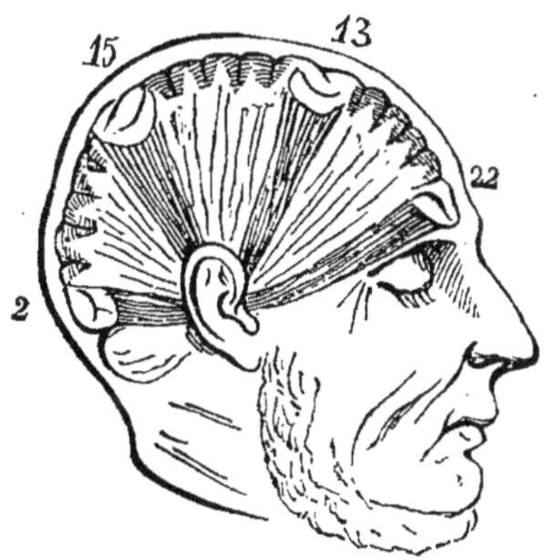

épanouissement ; que chacun des organes devait être considéré comme un *cône* dont la base est à la périphérie de la tête, 22, 13, 15 et 2, et qui a son sommet aux éminences pyramidales, point d'irradiation des fibres.

Maintenant que nous avons démontré les relations qui

existent entre le cerveau et le crâne, donnons, avant de raconter les exemples qui ont permis à Gall de localiser les facultés, le résultat topographique auquel il est arrivé.

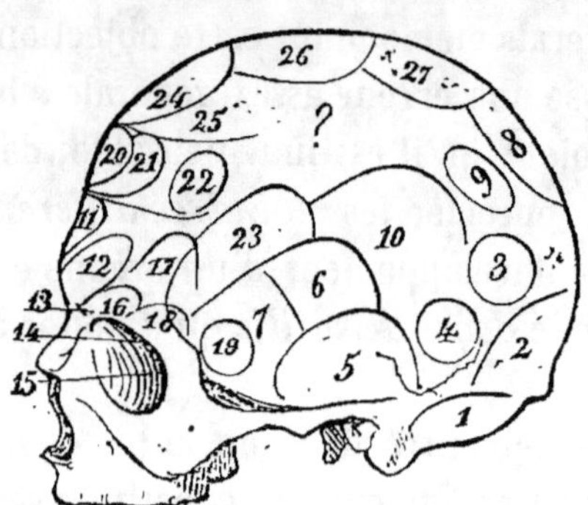

1. Amour physique; 2. Amour de la progéniture; 3. Attachement, amitié; 4. Instinct de la défense de soi-même; 5. Instinct carnassier, penchant au meurtre; 6. Ruse, finesse, savoir-faire; 7 Sentiment de la propriété, instinct de faire des provisions, penchant au vol; 8. Orgueil, fierté, amour de l'autorité; 9. Vanité, ambition, amour de la gloire; 10. Circonspection, prévoyance; 11. Mémoire des choses, éducabilité; 12. Sens des localités, sens des rapports de l'espace; 13. Mémoire des personnes; 14. Mémoire des mots; 15. Sens du langage, talent de la philologie; 16. Sens des rapports des couleurs, talent de la peinture; 17. Sens des rapports des tons, talent de la musique; 18. Sens des rapports des nombres; 19. Sens de mécanique, sens de construction, talent de l'architecture; 20. Sagacité comparative; 21. Esprit métaphysique, profondeur d'esprit; 22. Esprit caustique, esprit de saillie; 23. Talent poétique; 24. Bonté, bienveillance; 25. Faculté d'imitation mimique; amour du merveilleux; 26. Théosophie; 27. Fermeté, persévérance, opiniâtreté.

Le docteur Gall n'a pu expérimenter assez sur la portion du crâne que nous avons indiquée dans notre figure par un point d'interrogation, pour localiser les organes qui viennent s'y traduire. Il était donné à Spurzheim de compléter la tâche du maître.

La figure suivante représente la topographie de la tête

d'après le système phrénologique du docteur **Spurzheim.**

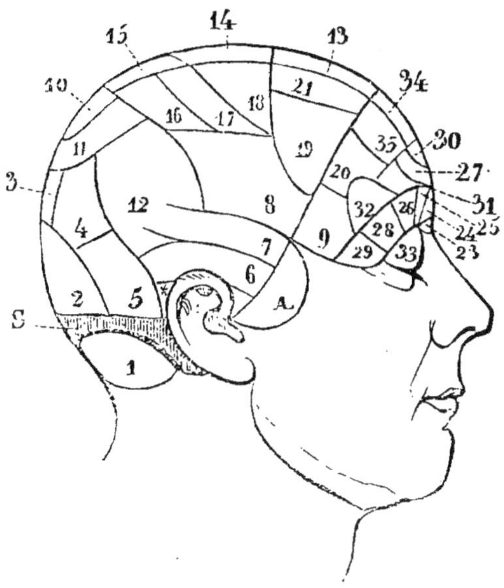

PENCHANTS. 1. Amativité; 2. Philogéniture; 3. Habitativité; 4. Affectionnivité; 5. Combativité; 6. Destructivité; 7. Secrétivité; 8. Acquisivité; 9. Constructivité. — SENTIMENTS. 10. Estime de soi; 11.
Approbativité; 12. Circonspection; 13. Bienveillance; 14. Vénération;
15. Fermeté; 16 Justice; 17. Espérance; 18. Merveillosité; 19. Idéalité;
20. Causticité; 21 Imitation. — FACULTÉS INTELLECTUELLES PER-
CEPTIVES. 22. Individualité; 23. Configuration; 24. Étendue; 25. Pesanteur; 26. Coloris; 27. Localité; 28. Calcul; 29. Ordre; 30. Éventualité;
31. Temps; 52 Tons; 33. Langage. — FACULTÉS INTELLECTUELLES
REFLECTIVES. 34. Comparaison; 35. Causalité.

Ces deux tracés différents de la tête constituent une
des grandes objections opposées à la science. Ils ne sont
cependant point contradictoires. En y prêtant un peu
d'attention, on comprend que la portion des organes
communs aux deux nomenclatures est absolument la même.
La différence n'existe que dans le tracé. On ignore généralement que c'est l'étude de la direction des parties extérieures du cerveau qui a porté Spurzheim à circonscrire
d'une autre façon les organes découverts par Gall.

Cette dernière topographie du docteur Spurzheim est devenue la topographie classique, c'est-à-dire la seule dont l'enseignement de la science s'occupe. Selon nous, c'est un tort. En se contentant de donner la forme élémentaire des organes, Spurzheim a ravi à la cranioscopie la certitude d'investigation, car Gall a démontré qu'un organe, lorsqu'il est prononcé, a non-seulement une forme autre et particulière, mais qu'il se représente toujours sur cette même forme.

Aussi dans son tracé de la tête, donne-t-il avec la position des organes la forme qui leur est propre. On conçoit alors que dans bien des cas il a fallu un dessin isolé pour apprécier convenablement la forme cranienne d'une faculté. C'est en quoi consiste l'œuvre de Gall, la précieuse collection dont nous avons parlé, que nous engageons le lecteur à aller visiter au Jardin des Plantes, et qui va nous servir dans la démonstration du système.

CHAPITRE III.

MUSÉE DE GALL.

Le gouvernement, à la mort de Gall, a fait, moyennant une rente viagère bien modique à sa veuve, l'acquisition de la collection craniologique à laquelle l'illustre docteur avait consacré sa fortune, ses veilles et sa vie.

On l'a placée dans une des salles du cabinet d'anatomie comparée.

Notre but, en introduisant le lecteur au Musée de Gall, est de lui donner, en même temps que la localisation des organes sur le crâne, les preuves à l'appui de la doctrine ; toutes les têtes rangées dans les armoires étant celles qui ont servi à Gall dans les observations qu'il a faites pour établir son système. Nous nous permettrons cependant de déranger l'ordre qu'on a donné à ces bustes et à ces crânes ; nous suivrons dans la description des organes la nomenclature de Gall lui-même, en prenant soin de rappeler les numéros des pièces que nous citerons ; numéros tracés, ainsi que les annotations qui les accompagnent, de la main même du père de la science phrénologique.

1. Amour physique.

SYNONYMIE. Instinct de la génération ou de la propagation, penchant vénérien. (*Amativité*, 1. SPURZHEIM.)

SITUATION. L'organe de ce penchant est le cervelet ; il se traduit à l'extérieur par la largeur et le renflement de la nuque.

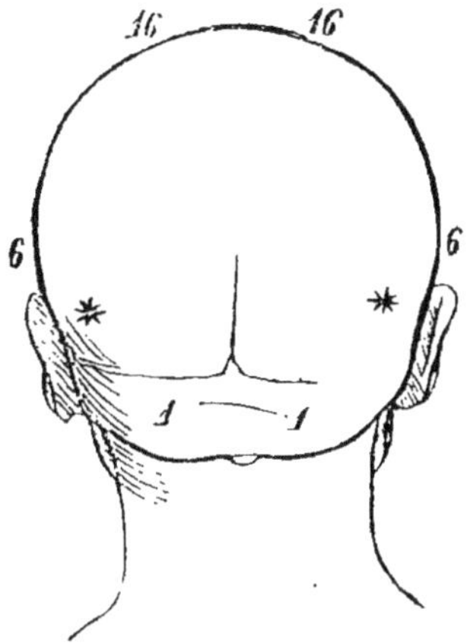

Le crâne inscrit sous le nº 168 est celui d'un *maître de langues* d'un tempérament très lubrique. Gall l'offrait comme un développement remarquable de l'organe de l'amour physique. Par opposition, il le comparait toujours au crâne (nº 206) d'un médecin nommé *Hett* qu'il avait connu particulièrement. Gall attribuait au trop faible développement du cervelet, l'antipathie que Hett manifestait pour les femmes. Cette répugnance était si prononcée, qu'il le vit un jour changer de couleur et presque se trouver mal, parce qu'une dame avait voulu l'embrasser.

Le n° 193 présente la base du crâne d'une *marchande de modes* fort galante.

2. Amour des parents pour les enfants.

S̴ʏɴ. Amour de la progéniture, organe de la maternité; piété maternelle et filiale. (*Philogéniture*, 2. Sᴘᴜʀᴢ.)

Sɪᴛ. Cet organe est placé immédiatement au-dessus du précédent. Lorsqu'il est très développé, il en résulte un renflement qui fait saillie sur les bosses occipitales inférieures, et donne à la tête la forme allongée caractérisant spécialement celle des femmes.

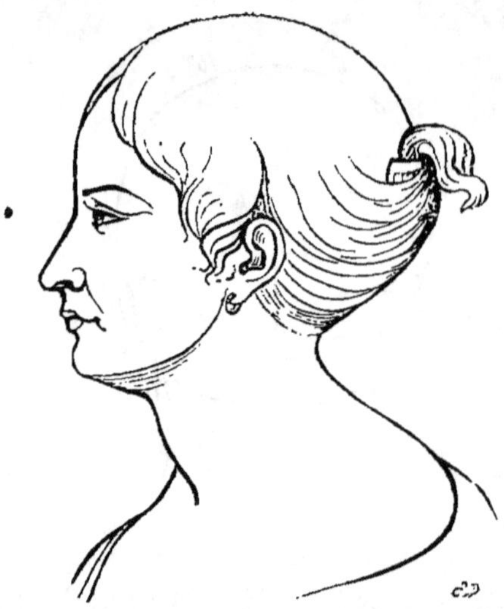

Le crâne qui porte le n° 166 est celui d'une *jeune fille*. Gall faisait voir cette tête pour montrer combien, dès cette époque de la vie, l'organe de la progéniture est plus développé chez les filles. C'est à cette disposition qu'elles doivent de s'occuper passionnément de poupées, de se montrer plus attentives à tout ce qui tient aux enfants et à l'intérieur de la famille. La jeune fille à laquelle le crâne a appartenu était très tendre pour son jeune frère encore au berceau. Les lobes antérieurs du cerveau présentent, comme cela a lieu ordinairement, un développement moindre que celui qu'on observe chez les garçons du même âge.

Le buste de l'*abbé Gauthier*, qui a voué sa vie à l'éducation des enfants, présente un beau développement de cet organe (n° 2).

Nous pensons que ce sentiment remonte des enfants aux parents et produit la piété filiale. Aussi, chez tous les parricides, observe-t-on une absence totale de l'organe.

Boutiller offre une preuve de cette conformation.

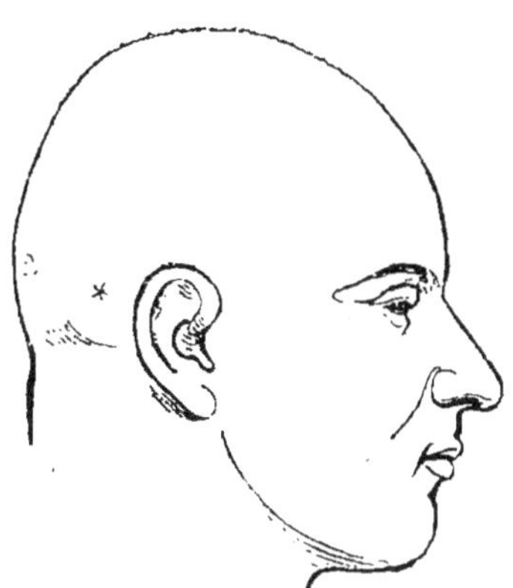

On sait que Boutiller, après avoir frappé sa mère de 27 coups de couteau, passa la nuit près de son cadavre, puis se rendit à la Courtille où il dépensa la journée du lendemain en débauches.

La plupart des femmes infanticides présentent également la même organisation.

Quelquefois le développement de cet organe est tel qu'il absorbe toute l'activité cérébrale et enfante la monomanie.

Le crâne ci-joint a appartenu à une jeune folle qui portait l'amour des enfants à un point si prononcé qu'elle
berçait dans ses bras des morceaux de bois auxquels elle

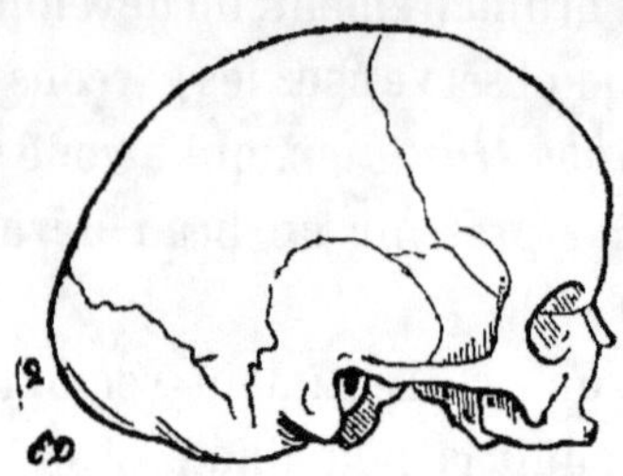

voulait faire partager sa nourriture. On la voyait alors
pleurer, car ses nourrissons s'obstinaient à refuser les aliments. Elle était désignée à la Salpétrière sous le nom de
la fille aux enfants.

5. Attachement, amitié.

Syn. Sens des sympathies. Principe d'affection et de sociabilité.
(*Affectionnivité*, 4. Spurz.)

Sit. Le siége de cet organe se trouve en haut et en dehors de
celui de la philogéniture. Comme les deux précédents, il est
double et forme de chaque côté de la tête une protubérance
arrondie.

Le crâne n° 64 est celui d'un voleur homicide, *Héluin*.
Les débats ont constaté que l'influence et les sollicitations
de son complice Le Pelley, à qui il était fort attaché, l'ont
seules conduit à participer au crime pour lequel il est
monté sur l'échafaud. Parmi les organes les plus développés sur ce sujet, on observe ceux de la destruction, de
l'amour de la propriété et de la rixe. L'organe de l'*attachement amical* est beaucoup plus fort qu'on ne le rencontre habituellement ; aussi Héluin s'était-il fait remarquer par cette qualité qui lui devint fatale.

Le crâne (n° 239) du général *Wurmser*, présente aussi un beau développement de l'attachement. On sait que cet officier fut toute sa vie un parfait modèle d'amitié.

On le voit encore fort développé sur le crâne authentique d'*Héloïse*, qui fait partie de la collection.

4. Instinct de la défense de soi-même.

Syn. Organe du courage, penchant aux rixes et aux combats, disposition à taquiner. (*Combativité*, 5. Spurz.)

Sit. Cet organe est situé au-dessous du précédent ; aussi, selon Gall, tous les querelleurs, tous ceux qui recherchent le danger, ont la portion de la tête, immédiatement derrière et au niveau des oreilles, beaucoup plus bombée et plus large que les poltrons.

Le crâne du général *Wurmser* (n° 239) que nous venons de citer pour l'organe de l'attachement, est encore plus remarquable par le développement de l'organe du courage. Il commandait en qualité de feld-maréchal les armées autrichiennes qui furent défaites en Italie par Bonaparte. Wurmser, au dire de son ennemi, était d'un courage prodigieux. C'est sous le rapport du développement de cet organe que Gall montrait la tête de l'officier dont nous parlons. Il faisait observer que Wurmser ne fut vaincu si souvent par le général français, que parce que celui-ci l'emportait de beaucoup en intelligence.

Gall, en opposition du crâne du général Wurmser, présentait celui du poëte allemand *Alexinger* (n° 158), connu par sa poltronnerie. Ce crâne offre un aplatissement à l'endroit où l'autre possède un renflement considérable.

Le n° 177 présente le crâne d'un *maître d'escrime*, d'un caractère difficile et violent ; il tua plusieurs personnes en duel, et finit par être tué lui-même. Toutes les parties antérieures du cerveau sont peu développées, l'organe de la bienveillance surtout ; les organes de la *combativité* et de la *destruction* offrent au contraire un large développement.

5. Penchant à détruire.

Syn. Instinct à se nourrir de chair. Penchant à la colère, au meurtre. (*Destructivité*, 6. Spurz.)

Sit. Cet organe est situé de chaque côté de la tête, immédiate-ment au-dessus des oreilles.

A côté, sous le n° 32, se trouve le buste moulé sur nature de *Papavoine*, condamné à mort pour le meurtre de deux enfants qu'il rencontra, accompagnés de leur mère, dans une des avenues du bois de Vincennes. L'examen de cette tête montre que l'organe de la *destruction*, d'où dérive le penchant au meurtre, est largement développé ; mais on est forcé de reconnaître en même temps que les organes des *sentiments moraux* et ceux des *facultés intellectuelles* étaient trop favorablement développés pour que Papavoine ait été nécessairement entraîné à commettre le crime qu'il a payé de sa tête. Ce n'est que dans un état de dérangement mental qu'un homme organisé comme l'était celui-ci, et ayant reçu une éducation convenable, a pu se rendre coupable d'un crime aussi odieux. La lecture des débats de ce procès suffit d'ailleurs pour prouver à toutes les personnes non prévenues, que Papavoine était un véritable aliéné, et qu'il est devenu meurtrier pendant un accès de folie.

Le crâne n° 236 est celui du supplicié *Voirin*, condamné à mort pour avoir assassiné un de ses parents. L'organe de la destruction est fortement prononcé sur cette tête, tandis que celui de la bienveillance y est nul. La partie antérieure qui renferme les organes des facultés intellectuelles est très petite. Aussi, comme l'avaient remarqué les ouvriers chapeliers avec lesquels il travaillait habituellement, Voirin était-il un homme de faible intelligence. Dès qu'il se sentait la tête un peu échauffée par la boisson, il devenait un compagnon dangereux; mais il avertissait ses camarades du besoin de destruction qui le tourmentait. Il a été prouvé, aux débats devant la Cour d'assises, qu'il avait cherché à se détruire pour échapper à son funeste penchant, et que plusieurs fois on lui avait arraché des mains le couteau dont il voulait se frapper. Lorsque Gall montrait cette tête à ses auditeurs, il avait soin de porter leur attention sur le grand développement des parties postérieures, siége des penchants que nous partageons avec les animaux, et qu'on remarque chez le parricide Boutiller, nature grossière et brutale.

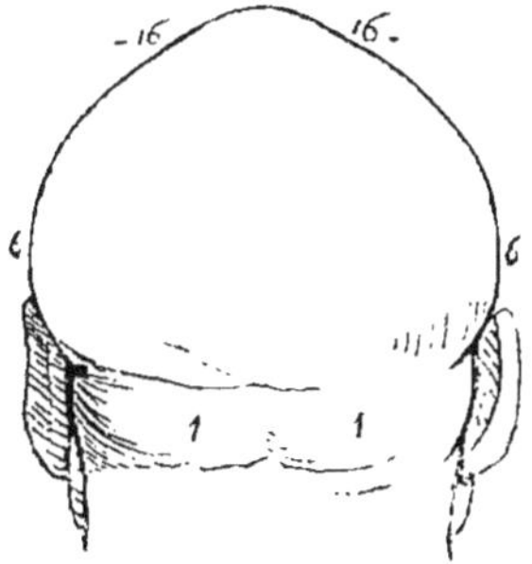

6. Instinct de la ruse et du savoir-faire.

SYN. Instinct à cacher, esprit d'intrigue, dissimulation.
(*Sécrétivité*. 7. SP.)

SIT. L'organe de la ruse est situé immédiatement au-dessus de celui de la destruction. Lorsqu'il est très développé, il contribue à élargir la tête latéralement.

Le crâne inscrit sous le n° 221 est celui d'un Hongrois qui vivait à Vienne, où Gall l'a connu presque dans l'intimité. Il passait parmi ses amis pour le meilleur homme du monde. Après sa mort, ils découvrirent qu'il était fort rusé ; il les avait tous trompés, par des récits mensongers, sur ses ressources pécuniaires et sur les biens de sa famille, dans le but de se faire prêter de l'argent, ou de les faire répondre pour lui dans ses affaires de commerce. Il avait mis de la sorte à contribution la bourse de toutes les personnes qu'il connaissait. Gall montrait cette tête comme le modèle de l'organisation des fourbes et des fripons. « Par le développement combiné des organes de la *ruse* et du *vol*, de tels hommes, disait-il, font des dupes sans grands frais d'intelligence ; ils réussissent par instinct, et toujours. »

7. Instinct de faire des provisions.

Syn. Sentiment de la propriété, penchant au vol. (*Acquisivité*, 8. Spurz.)

Sit. Cet organe est situé en avant et au-dessus du précédent ; sa forme, suivant Gall, est celle d'une proéminence bombée et allongée.

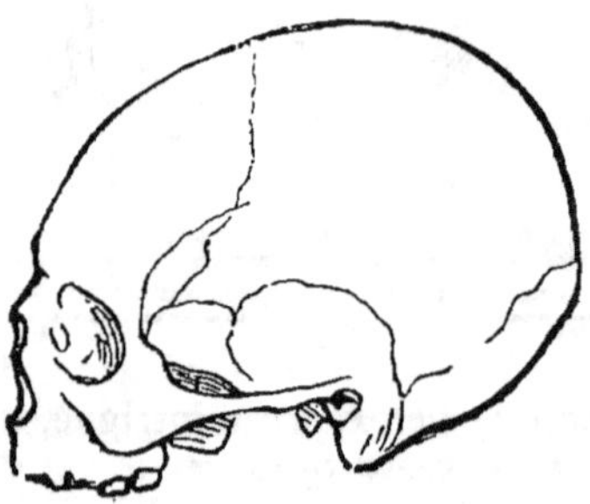

Le crâne n° 200 est celui d'un voleur de quinze ans mort dans une prison de Prusse, où il devait rester à perpétuité. Ce jeune homme avait subi plusieurs condamnations pour des vols fréquents. Ses récidives furent si nombreuses que les autorités du pays se décidèrent à l'enfermer pour le reste de ses jours. Dans la prison, il continuait à voler ses camarades. Pour le rendre inhabile à commettre ses larcins, on s'était vu obligé de lui attacher des billots aux bras.

Gall, qui l'avait vu avant sa dernière condamnation, avait jugé, d'après son peu d'intelligence et par l'organisation défectueuse qui le caractérisait, qu'il était incurable.

Les organes du *vol* et de la *ruse* ont un développement extraordinaire, et la forme générale de la tête est petite et défectueuse, surtout dans sa partie antérieure. C'est de cette circonstance que Gall avait conclu l'incurabilité du criminel.

Sous le n° 75 est rangé un masque en plâtre d'Henri IV, qu'on croit avoir été moulé sur nature. La phrénologie y retrouve les différentes facultés de ce prince, telles que l'histoire nous les rapporte ; l'esprit de saillie, l'organe de la bienveillance, l'organe du sentiment de la propriété ; ce dernier, qui s'y trouve à un degré très remarquable, et qui nous engage à mentionner ici cette tête, est bien justifié par ces paroles qu'Henri IV prononçait assez plaisamment à propos de son penchant naturel à dérober, et que les chroniques du temps nous ont conservées : « J'aurais été pendu, si je n'eusse été roi de France. » Gall observait que le sentiment dont nous parlons a dû être une grande cause excitante dans la guerre soutenue par Henri IV pour conquérir la couronne.

Le crâne de Kalmouck n° 165 offre un exemple du développement simultané des organes du *vol* et de l'adresse *des mains,* organes dont les manifestations donnent un résultat conforme aux récits des voyageurs, qui rapportent que les Kalmoucks sont adroits et voleurs.

Le masque en plâtre n° 102 est celui du célèbre *Cartouche.* « Malheureusement, disait Gall, ceux qui ont pris l'empreinte originale du masque ne s'étaient proposé que de conserver les traits du voleur extraordinaire, et les parties les plus intéressantes de sa tête ont été tout-à-fait négligées. Cette pièce, en effet, ne représente que la partie antérieure du front. On a su depuis que le véritable crâne de Cartouche était conservé à la bibliothèque Sainte-Geneviève ; voici un trait de la partie supérieure dessiné d'après nature.

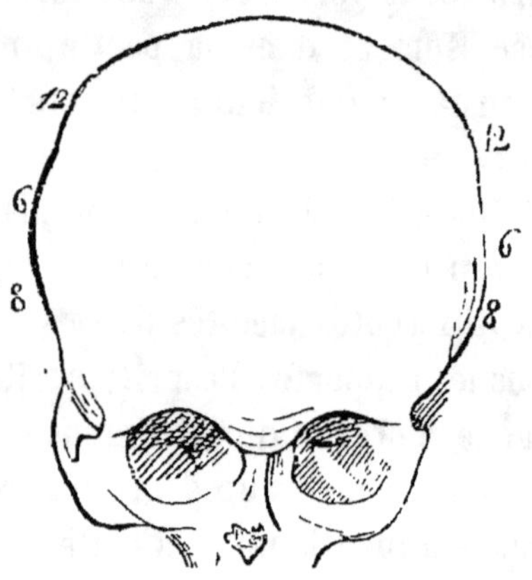

On voit d'après cette pièce que les organes de l'intelligence, ainsi que l'indiquait le masque, n'étaient pas défectueux chez Cartouche, surtout ceux de l'éducabilité et de la sagacité comparative. Il est remarquable que tous les biographes de cet homme aient noté qu'il avait de l'esprit, de la pénétration, et que, dès son enfance, il avait manifesté dans les écoles une aptitude au-dessus de celle des écoliers ordinaires. L'histoire de sa vie atteste encore qu'il avait un goût déterminé pour les travestissements. Ce fut un moyen qu'il employa souvent pour exécuter un grand nombre de vols ou pour échapper aux recherches de la police. C'est surtout le développement de l'organe de la mémoire verbale, traduit à l'extérieur par le plus ou le moins de saillie des yeux, que le masque permet d'apprécier, tandis que la boîte osseuse nous montre le large développement des organes du vol (8), de la ruse (7) et de la circonspection (12) dont Cartouche a donné de si fréquentes manifestations.

8. Orgueil.

Syn. Amour-propre, esprit de domination, penchant à commander, passion de l'indépendance. (*Estime de soi*, 10. Spurz.)

Sit. Le siége de cet organe est à la partie postérieure supérieure de la tête.

Le crâne n° 231 est celui de *Ceracchi*, statuaire italien, républicain exalté qui se fit remarquer pendant les événements politiques de la fin du dernier siècle. Il voulait le rétablissement de la république romaine en Italie. Plus tard il s'associa à la conspiration d'Aréna, et paya de sa tête une tentative d'assassinat sur Napoléon. Ceracchi n'avait aucun motif de haine contre lui. Son amour de la liberté, qui lui faisait pressentir que le premier consul cherchait à la détruire, était son seul mobile.

On voit sur cette tête un grand développement de l'organe de l'orgueil qui porte l'homme à l'indépendance; particularité que Gall a observée constamment chez ceux qui conspirent contre l'autorité. L'organe de la destruction s'y trouve également très développé. Quant à l'organe de la mécanique, il est assez remarquable, pour expliquer le talent que montra ce statuaire dans l'exercice de son art. C'est une tête modèle des organisations que le despotisme révolte.

Le n° 161 indique le crâne de *Péterson*, chef d'une bande de voleurs de grands chemins, qui s'engagea dans ce vil métier plutôt pour vivre indépendant et surtout pour satisfaire le besoin de commander aux autres, dont il était tourmenté, que par goût pour le brigandage. Cette tête, fort ordinaire sous tous les autres rapports, présente un développement fort complet de l'organisation qui formule le caractère ambitieux.

Près de ce crâne se trouve celui d'un nommé *Bondin*, voleur, faisant partie de la bande de *Péterson*. Les organes qui dominent sont le vol et le meurtre.

9. Vanité.

Syn. Amour de l'approbation et de la louange, coquetterie, ostentation, émulation, jalousie. (*Approbativité*, 11. Spurz.)

Sit. Cet organe est placé de chaque côté du précédent à la partie postérieure supérieure de la tête.

Gall montrait le crâne inscrit sous le n° 227, sous le rapport du développement de l'organe de la vanité et de la petitesse du cerveau. Il appartenait à l'abbé *Lacloture* qu'on remarquait, à Vienne, parmi les émigrés français, pour la galanterie, les petits soins et les attentions qu'il prodiguait aux femmes du grand monde. Il en était fort recherché, elles applaudissaient à son adresse merveilleuse dans les petits ouvrages de leur sexe, et cela lui suffisait ; il avouait lui-même n'avoir jamais éprouvé d'amour.

Le crâne n° 241 présente un développement fort prononcé de cet organe de la vanité. Cette tête est celle d'une aliénée dont la monomanie était de se croire reine de France, et de se parer de tous les chiffons qu'elle pouvait trouver.

10. Circonspection.

Syn. Prévoyance, caractère posé, réfléchi. Disposition à calculer les chances des événements. Inquiétude, irrésolution. (*Circonspection*, 12. Spurz.)

Sit. Cet organe est situé vers le milieu des os pariétaux.

Le crâne 183 est celui d'un homme dont le caractère

soupçonneux s'inquiétait de la chose la plus futile. Cet homme devint mélancolique et fort taciturne, puis finit par se suicider sans qu'on pût découvrir, dans les conditions de sa vie, le motif qui le portât à se détruire. Gall attribuait cet acte à une maladie du cerveau ; cependant il faisait remarquer le développement extraordinaire de *l'organe de la circonspection*, circonstance qu'il observa fréquemment chez les personnes mélancoliques et portées au suicide.

11. Mémoire des faits, sens des choses, éducabilité.

SYN. Conception prompte, extrême facilité à saisir les choses, désir général de s'instruire et aptitude remarquable à s'occuper de toutes les branches du savoir humain. (*Eventualité*, 30, et *Individualité*, 22. SPURZ)

SIT. Cet organe occupe la partie moyenne et inférieure du front.

Le buste n° 157 est celui de *l'abbé Gauthier* qui s'est

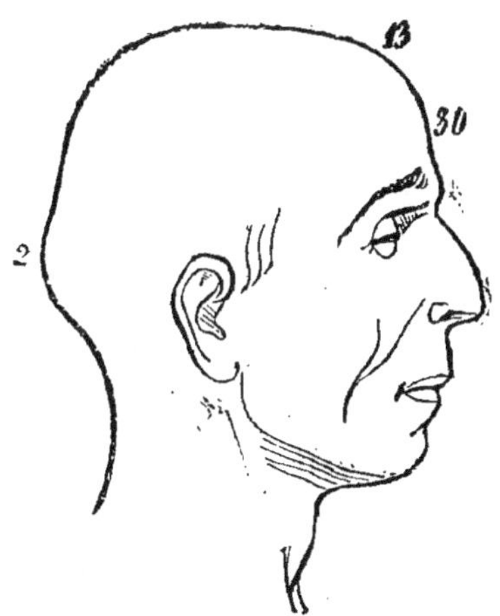

adonné, par goût, à l'éducation des jeunes enfants. Il composa un grand nombre de petits traités sur l'enseignement primaire, dans le but de leur rendre plus faciles

les éléments des connaissances qu'on enseigne dans les écoles. Il était plein de bonté et aimait passionnément les enfants, dans la société desquels, il se plaisait plus que dans toute autre. Les organes les plus remarquables sont ceux de *l'éducabilité* 30, de *la bonté* 13 et *de l'amour des enfants* 2.

Sous le n° 82 est la copie en plâtre d'un crâne qu'on croit être celui de *Descartes*. Les organes dominant :

l'éducabilité, le sens des rapports de l'espace, le calcul, sont en effet ceux qui se trouvent les plus développés dans les portraits qui existent de ce philosophe.

Gall se servait ordinairement, dans ses leçons, d'un crâne d'enfant pour montrer la forme sous laquelle cet organe se traduit à l'extérieur. C'est le grand développement des circonvolutions cérébrales placées à la partie antérieure et moyenne de la région frontale qui donne aux enfants cette éducabilité extraordinaire, cette faculté de recevoir et de se rendre propres dans peu de temps une somme prodigieuse de connaissances.

Le trait que nous donnons est celui d'un buste d'enfant de quatre ans et demi ; nous reviendrons sur cette parti-

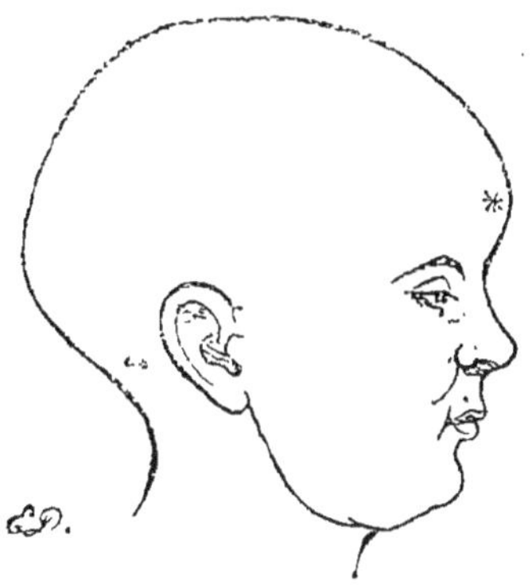

cularité de l'organisation du cerveau suivant les âges dans notre chapitre VII, en traitant des applications de la phrénologie à l'éducation de l'enfance.

12. Mémoire des lieux, sens des rapports de l'espace.

SYN. Sens des localités, disposition à changer souvent de lieu, désir de voyager, cosmopolisme, faculté de s'orienter, disposition à saisir les propriétés de l'espace et à l'étude de la géométrie. (*Organes des localités*, 27 ; *de l'étendue*, 24. SPURZ.)

SIT. Le siége de cet organe est à la partie inférieure du front ; lorsqu'il est développé, il forme deux proéminences ovalaires qui de la racine du nez s'élèvent obliquement en s'écartant un peu jusqu'au milieu du front.

Le masque n° 100 est celui de M. *Pâris*, qui s'est occupé de mnémotechnie avec passion. Le sens des rapports de l'espace et l'éducabilité sont très prononcés ; ceux qui connaissent la méthode de M. Pâris pour fortifier artificiellement la mémoire, s'expliquent facilement par cette organisation le choix des moyens qu'il propose à cet effet.

Le n° 83 nous offre le masque du docteur *Gaymard*, naturaliste, moulé sur nature, alors qu'il était attaché à l'expédition du capitaine Freycinet. C'est un bel exemple de l'organisation qui donne le goût de former des collections d'objets d'histoire naturelle et d'entreprendre de longs voyages.

13. Mémoire des personnes.

S**YN**. Facilité à se rappeler les principaux traits du visage et les manières de tous les individus. Talent particulier à saisir la forme des choses et dispositions à faire des collections de portraits et de gravures. (*Configuration*, 23. S**PURZ**.)

S**IT**. A l'angle interne de l'arcade orbitaire.

Cet organe est très développé sur le buste de Dantan jeune, ainsi que ceux de *l'esprit de saillie*, de *l'imitation* et du *sens des arts ;* c'est à cette combinaison d'organes que notre célèbre sculpteur doit son talent si original.

Parmi les masques d'enfants de la collection de Gall, il en est un portant pour inscription : *Flandrin*, jeune dessinateur dont l'organisation laisse concevoir des espérances. On sait de quelle manière brillante M. Flandrin, devenu homme, les a réalisées.

14. Mémoire des mots.

S**YN**. Sens des mots. Loquacité, verbosité. Disposition à préférer les genres d'étude où il est nécessaire de retenir beaucoup de noms : la minéralogie, la botanique, l'entomologie, etc., la numismatique. (*Langage,* 33. S**PURZ**.)

S**IT**. Lorsqu'il est très développé, il pousse en avant le globe de l'œil, de manière à produire des yeux grands et à fleur de tête.

Unterberger, fils du peintre de ce nom, était doué

d'une mémoire prodigieuse, en même temps que d'un penchant très fort pour le beau sexe. Ce sont les **trop** nombreuses concessions qu'il a faites à ce penchant qui l'ont conduit au tombeau. Gall montrait cette tête sous ce double rapport.

Le buste de *Buffon*, n° 19, moulé sur une statue, montre combien ce savant naturaliste était heureusement organisé pour être un éloquent écrivain dans le genre descriptif. Toutes les facultés de la partie inférieure du front, *l'éducabilité, les localités, la configuration, le coloris, la mémoire des mots* sont remarquables par le volume de leurs organes. Il en est de même pour le *sentiment poétique*; mais les parties antérieures supérieures, qui constituent les penseurs profonds, n'ont que des proportions ordinaires.

15. Sens du langage, étude des langues.

SYN. Connaissance des signes naturels ou conventionnels par lesquels les hommes se communiquent leurs pensées. Facilité d'expression. Aptitude à saisir le caractère et le génie des langues. Philologie, polyglotisme. (*Langage*, 33. SPURZ.)

SIT. En arrière du précédent, de sorte que non-seulement l'œil est saillant et à fleur de tête, mais se trouve repoussé en bas, fait saillir la paupière inférieure et détermine cette particularité qu'on nomme des yeux *pochetés*.

Le buste moulé sur nature, n° 26, est celui de Jean *Muller*, historien allemand, l'un des hommes les plus érudits de son époque. Gall montrait cette tête comme type de l'organisation qui dispose aux études philologiques.

Baratier, Pic de La Mirandole, Leibnitz, cités par Gall, étaient doués de cette belle organisation.

16. Sens du coloris.

Syn. Cette faculté rend la vue des couleurs agréable et produit le
sens d'analyse et d'harmonie des teintes colorées nécessaires
aux peintres. Goût inné pour les tableaux. (*Coloris*, 26, Spurz.)

Sit. L'organe du coloris occupe la partie moyenne de l'arc
sourciller.

La copie en plâtre du crâne de Raphaël, n° 128, traduit bien cet organe.

Le masque n° 73, remarquable par la dépression qui
existe à l'endroit de cet organe, est celui d'un mathématicien que Gall fut à même de connaître, et qui confondait toutes les nuances, par exemple du rouge, depuis
le pourpre jusqu'au rose tendre. Aussi ne pouvait-il
comprendre qu'on trouvât de l'harmonie dans les couleurs d'un tableau.

(Grand chez Titien, Rubens, Gérard ; chez les femmes
en général.)

17. Sens du rapport des sons.

Syn. Aptitude à sentir les consonnances et dissonances musi-
cales. Sentiment de la mélodie et de l'harmonie. Mémoire des
tons, disposition à chanter. (*Mélodie*, 32. Spurz.)

Sit. Cet organe est situé au-dessus de l'angle externe de l'œil,
lorsqu'il est très développé ; le front est renflé dans sa partie
inférieure et latérale, comme on l'observe chez Haydn, Rossini,
Meyerbeer.

La tête de *Gluck*, n° 10, le buste n° 108 de *Grétry*, le
masque moulé sur nature, n° 68, du fameux violon *La-
fond* et celui de *Litz* n° 65, justifient tous la localisation
de cet organe. Sur le buste de *Neukomm*, n° 28, outre
le beau développement des organes de la musique et des
facultés intellectuelles, comme chez les précédents, on
remarque en même temps celui de la *vénération* qui ex-

plique pourquoi ce compositeur s'est adonné exclusivement à la *musique religieuse*.

18. Sens des nombres.

Syn. Connaît tout ce qui concerne les nombres, produit l'aptitude pour l'arithmétique. Selon Gall, cette faculté retient encore les dates et les époques, et serait le sens du temps, l'organe
de la chronologie. (*Calcul*, 28 ; *temps*, 31. Spurz.)

Sit. Cet organe se trouve à l'angle externe de l'œil ; lorsqu'il est
développé, il fait saillir la partie externe de la paupière supérieure et repousse l'œil un peu obliquement en dedans.

Nous nous contenterons pour cet organe de donner les
numéros des bustes et des masques des calculateurs de la
collection de Gall sur qui nous reviendrons dans un des
chapitres suivants où l'organe du calcul servira d'exemple
à notre démonstration. Ce sont : N° 76, le masque du
jeune Colborn, calculateur dont l'aptitude tenait du prodige.

Le crâne 152 et le buste n° 41, moulé sur nature d'un
religieux nommé *David*, qui s'adonna avec passion à

l'étude'des mathématiques. Le crâne de Descartes, n° 82, le masque de Newton, n° 93, qui présentent tous cette même conformation du crâne à l'endroit où Gall localisa l'organe des nombres.

19. Sens de la mécanique.

Syn. Instinct à bâtir, amour des constructions, adresse des mains, génie mécanique, sens des beaux-arts, aptitude à la sculpture et l'architecture. (*Constructivité*, 9. **Spurz.**)

Sit. Cet organe se traduit, sous la forme d'une protubérance au milieu de la région temporale, derrière celui de la musique.

Ce développement est très remarquable sur le buste n° 21 de *Chapotel* qui apprit dans la boutique et à l'insu de son patron, pâtissier à Paris, l'art de la peinture au point de devenir un habile peintre de décors. Son génie inventif lui faisait construire d'ingénieuses machines ; c'étaient ses moyens ordinaires de distraction. Son organisation l'avait créé peintre et mécanicien, l'éducation et sa condition sociale en firent un pâtissier.

Il en est de même sur le buste en plâtre n° 325 du célèbre horloger *Bréguet*. Le masque n° 52, moulé sur nature du baron de *Drais* que sa fortune et sa position sociale semblaient devoir éloigner des occupations manuelles, présente aussi un beau développement de cet organe ; M. Drais, on le sait, s'est adonné avec passion aux constructions mécaniques.

Gall montrait l'apparence extérieure sous laquelle se traduit cet organe, sur le crâne d'une *modiste de Vienne* fort habile dans son art. Les organes de l'amour-propre et de la vanité qui sont également développés sur cette pièce (n° 235) devaient être considérés, ajoutait-il, comme la cause excitante de l'organe qui formait la base du talent de cette femme. (On peut encore citer Canova, David le sculpteur, l'ingénieur Brunel, etc.)

20. Sagacité comparative.

Syn. Aptitude particulière à trouver des analogies, à saisir les similitudes et les ressemblances des choses, disposition à peindre ses idées par des images sensibles et procéder dans le discours par des comparaisons. Source de la *mythologie*, de l'*allégorie* et de l'*apologue*. (*Comparaison*, 34. **Spurz.**)

Sit. Cet organe occupe la partie moyenne et supérieure du front au-dessous de la bienveillance ; il descend en se rétrécissant, en forme de cône renversé jusqu'à celui de l'éducabilité ou éventualité.

Cette protubérance est remarquable sur le crâne d'un *prédicateur* fort distingué, n° 198, et dont nous donnons le dessin.

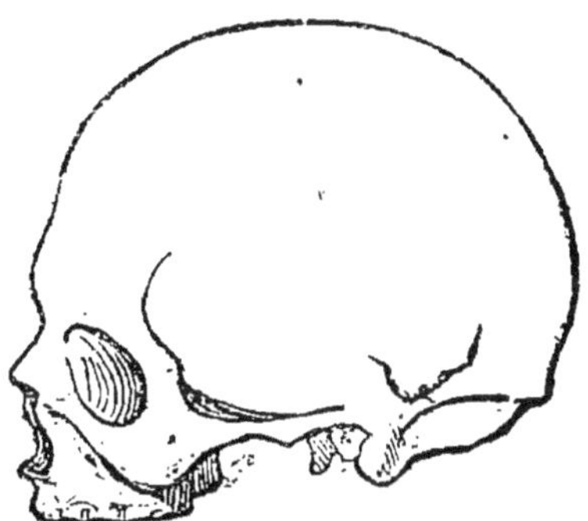

Gall rapporte que les sermons de ce révérend père *jésuite* attiraient toujours une foule nombreuse et composée de toutes les classes de la société. Quelque abstrait que fût le texte et le sujet de son discours, il trouvait, dans les nuances les plus senties de la vie ordinaire, des comparaisons et des analogies pour le mettre à la portée de toutes les intelligences.

Parmi les organes qui caractérisent la nature de l'esprit de *Goëthe* dans les lettres et la philosophie, tels que ceux de la *poésie*, de la *mémoire verbale*, etc., on remarque le sens des *comparaisons* fort développé. **La** lecture de son admirable Faust était bien faite pour donner au phrénologiste le droit de déterminer la nature de la manifestation de cette circonvolution cérébrale. Ce buste est classé sous le n° 5.

21. Esprit métaphysique.

Syn. L'esprit d'observation, désir de connaître les conditions sous lesquelles les choses existent; tendance à rechercher les rapports des effets aux causes; faculté d'abstraire et de généraliser; disposition à vouloir remonter aux causes que nous ne pouvons apprécier; source de la *métaphysique*, de l'*idéologie*, de l'*ontologie*, etc. (*Causalité*, 35. Spurz.)

Sit. Cet organe se traduit sous forme de deux protubérances, à peu près de même forme que celle de l'organe précédent.

Le masque de *Burdach*, moulé sur nature, n° 66, présente un large développement de cet organe. Ce célèbre médecin est auteur d'un traité de physiologie d'une grande importance, il nous a laissé de plus un bel ouvrage rempli de chiffres et d'idées de philosophie transcendante. Gall faisait encore remarquer sur cette pièce la saillie de l'organe du *calcul*.

TÊTE PHILOSOPHIQUE.

Gall avait d'abord admis un organe spécial pour l'esprit philosophique, mais bientôt il en attribue les manifestations au concours des trois facultés précédentes, n°s 20, 21 et 22. En effet, l'esprit philosophique paraît être bien moins le résultat d'un seul organe que celui du développement collectif et simultané de toutes les parties antérieures et supérieures du front. Quelque développés qu'ils soient, ces organes éminemment intellectuels ne peuvent fournir que des notions isolées et partielles des objets divers qui se trouvent compris dans leur sphère d'activité; ce n'est que lorsqu'ils se trouvent réunis, qu'ils donnent alors le maximum d'intelligence dont la nature humaine soit capable.

Un des beaux types en ce genre est le buste n° 89, moulé sur une statue du chancelier *Bacon*.

Le masque de *Voltaire*, n° 60, présente les mêmes caractères physiognomoniques. Le beau développement de la région frontale explique suffisamment le génie presque universel de cet homme extraordinaire qui s'est fait distinguer autant par la variété que par la profondeur et la facilité de ses compositions dans tous les genres de littérature.

22. Esprit de saillie.

SYN. Aptitude à saisir le côté plaisant des personnes et des choses, esprit d'à-propos, gaîté, reparties, tendance à tout persifler, penchant pour la satire. (*Esprit caustique ou de saillies*, 19. SPURZ.)

SIT. Une double proéminence arrondie, placée en dehors du précédent de chaque côté du front, indique cette disposition de l'esprit.

Sur le masque de *Henri IV*, n° 75, que nous avons déjà examiné (page 39), on distingue aisément cette double proéminence, aussi lui a-t-on reproché une foule de saillies intempestives, au milieu des adversités qu'il eut à traverser pour arriver au trône.

Cette double saillie est aussi fort remarquable sur le n° 115 qui est une copie authentique du crâne du poëte *Gresset*, moulé à Amiens, sous les yeux du docteur Rigollot. Nous n'avons pas besoin de rappeler que Gresset est l'auteur de *Vert-Vert*, du *Méchant* et d'autres petits chefs-d'œuvre d'un style facile, piquant et gai.

Le buste de *Dantan* jeune présente, comme nous l'avons déjà fait observer, un développement remarquable de cet organe.

23. Poésie.

Syn. Sentiment poétique, amour du beau, richesse d'imagination, goût du sublime dans les arts, verve, exaltation. (*Idéalité*, 19. Spurz.)

Sit. A la partie latérale et supérieure de la tête, un peu au-dessus des tempes, en haut et en avant de l'organe de l'acquisivité.

Le buste de *François*, nº 55, cordonnier poëte, présente un beau développement de cet organe ; sur ce dessin, cette partie de la tête a été désignée sous le nº 10 au lieu du nº 19, rang que cette faculté occupe dans la nomenclature de Spurzheim.

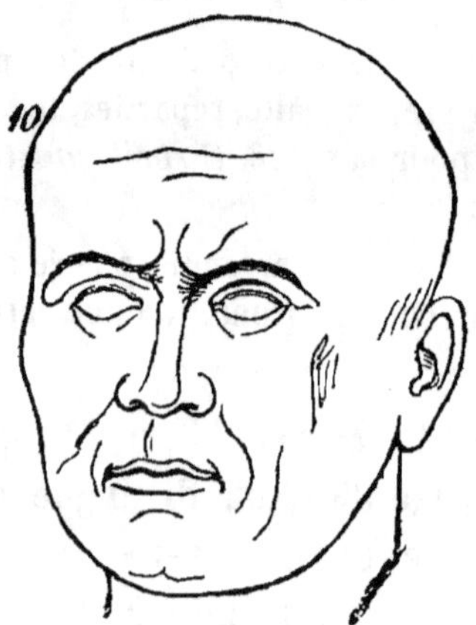

Ce fut en lisant à la dérobée aux étalages des bouquinistes, les chefs-d'œuvre de Corneille et les historiens latins, dont il trouva les traductions, qu'il arriva à composer, entre autres poésies assez remarquables, une tragédie en cinq actes, intitulée : *les Ruines de Palmyre*.

Le buste moulé sur nature, nº 47, est celui de *Sestini*, poëte et musicien, improvisateur dont le talent se fit pressentir dès la plus tendre jeunesse. Les organes de la poésie et de la musique ont un très grand développement.

La calotte, nº 278, du crâne de *Legouvé*, auteur du *Mérite des Femmes*, peut encore servir d'exemple, ainsi que la copie en plâtre, n° 313, moulée sur nature de l'hémisphère droit du cerveau de l'abbé *Delille*. La circonvolution cérébrale que Gall a désignée comme le siége du talent poétique est, en effet, la plus développée de toutes celles qui composent cet hémisphère.

24. Bienveillance.

Syn. Amour du prochain, bonté, humanité, pitié, charité, bienfaisance, disposition à faire le bien, philanthropie. (*Bienveillance*, 13. Spurz.)

Sit. Le développement de cet organe donne à la partie supérieure moyenne du front une élévation et une proéminence remarquables.

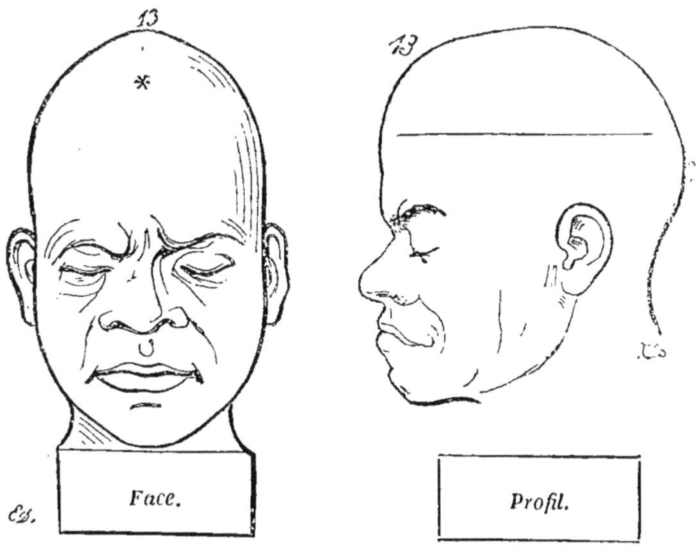

Le plus bel exemple que nous puissions fournir est celui du nègre *Eustache*, grand prix de vertu, couronné par l'Institut en 1834. Sa vie entière se compose de sacrifices si nombreux de lui-même au bien des autres, qu'on serait tenté d'appeler son amour du prochain monomanie de bienveillance, si l'on n'aimait mieux répéter avec le rapporteur M. Briffault, *Bonté incorrigible*.

Gall montrait cet organe sur le masque de l'empereur Joseph II, n° 27. De quelque point de vue qu'on envisage la conduite de ce souverain, on ne peut lui contester, en effet, une grande sympathie pour les classes laborieuses ; le développement simultané de l'organe de la musique dont il faisait sa distraction favorite sert à expliquer la grande amitié dans laquelle il tenait *Kreibig*, son maître de violon, dont le buste se trouve à côté.

25. Imitation mimique.

Syn. Imitation des manières et des gestes des autres, disposition à réussir dans la carrière dramatique, personnification outrée, bouffonnerie, charges ; faculté de traduire avec justesse les sentiments et les idées par les gestes : c'est elle qui inspire aux peintres, aux sculpteurs et aux acteurs, la vérité des mouvements et des attitudes. (*Imitation*, 21, Spurz.)

Sit. Deux proéminences allongées, placées de chaque côté de l'organe précédent, sont les signes physiognomoniques de cette disposition.

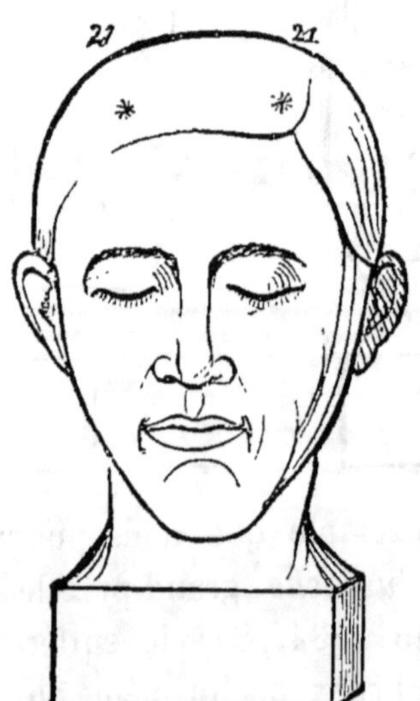

Le buste de *Debureau*, le mime célèbre du boulevard du Temple, dont nous donnons ici un trait, offre un développement remarquable de cet organe 21, 21.

Gall le montrait sur le crâne de *Junger*, acteur et poëte dramatique.

On le trouve encore sur le crâne d'un prédicateur distingué, n° 175, de la collection de Gall; le *frère Prosper* joignait à une élocution facile, un geste animé et une pantomime pour ainsi dire éloquente; sur le masque du statuaire *Lemot*, n° 63, l'organe de l'imitation se trouve joint à celui de la configuration et au sens des arts. Ses beaux ouvrages sont trop connus pour qu'il soit besoin de les rappeler.

Le n° 43, buste moulé sur nature d'*Horace Vernet*, présente, outre les organes que nous venons de signaler chez le statuaire Lemot, ceux de l'éducabilité et de l'esprit de saillie combinés aux organes qui siégent à la partie supérieure postérieure de la tête, et qui sont la source de l'émulation. On trouve dans le concours de ces facultés l'explication des qualités éminentes admirées dans cet artiste et des défauts qui lui sont reprochés.

Amour du merveilleux.

Syn. Penchant pour les choses surnaturelles, crédulité, superstition, croyance aux pressentiments, à la sorcellerie, aux spectres, aux visions, aux révélations surnaturelles. (*Merveillosité*, 18. Spurz.)

Sit. Aux parties latérales et supérieures de la tête, entre les organes de la poésie et de l'imitation; il se prolonge en arrière jusqu'à celui de la vénération.

* Gall montrait cette forme particulière, à laquelle il n'a point assigné de numéro parce qu'il la confondait avec la précédente, sur le crâne n° 188 d'*Eva Cattel*, célèbre tireuse de cartes qui fut longtemps célèbre à Vienne. Le caractère superstitieux et la force de cette femme dans son art de devination, imposait aux incrédules et faisait sa

réputation, laquelle fut au moins égale à celle de mademoiselle Lenormand.

Le masque n° 14, moulé sur nature de *Deshayes*, ingénieur qui a donné les plans des digues construites dans le port de Cherbourg, présente la même organisation. Mathématicien fort habile, il cherchait néanmoins dans des combinaisons mystiques des moyens de gagner à la loterie.

L'organe du penchant au merveilleux est aussi fort dé-

veloppé sur le buste de *Walter Scott* ; il sert à expliquer la fécondité d'imagination du célèbre romancier, et le choix de certains personnages mystérieux qui dans chacun de ses romans tiennent les fils de l'action et conduisent le lecteur au dénouement avec une avide curiosité.

Sur le masque du *Tasse*, n° 24, cet organe, encore plus saillant, explique la fécondité d'imagination de ce grand poëte, ce goût pour le merveilleux qui domine dans sa composition principale, et qui a fait de la *Jérusalem délivrée* un des chefs-d'œuvre de la littérature.

26. Théosophie.

Syn. Sentiment de l'existence de Dieu, piété, dévotion ; respect pour tout ce qui est vénérable, soumission, humilité. (*Vénération*, 14. Spurz.)

Sit. Lorsque les circonvolutions, qui sont le siége de cette faculté, sont bien développées, elles bombent le sommet de la tête en forme de segment de sphère.

Cette proéminence est parfaitement sensible sur le buste n° 13, moulé sur une statue antique de *Socrate*. Le caractère sublime et la morale de ce philosophe sont facilement expliqués par cette belle organisation.

Nous rappellerons ici le buste n° 28, du compositeur de musique religieuse Newkomm, que nous avons cité page 48, en traitant de l'organe de la musique.

27. Fermeté, caractère.

SYN. Ce sentiment donne de la constance et de la persévérance aux autres facultés ; détermination, force, application, disposition à l'entêtement et à l'obstination. (*Fermeté*, 15. SPURZ.)

SIT. Au sommet de la tête, en arrière de l'organe de la vénération.

Le buste n° 11, moulé sur nature, de *Deftasfaut-Gowin*, présente aussi une saillie remarquable de la fermeté ; le développement simultané de cet organe et de ceux de l'estime de soi et de la vanité qui donnent le goût des honneurs et des distinctions, et l'absence de désir d'acquérir, forment un exemple de l'organisation qui constitue le caractère ambitieux, sans amour du lucre. Jeune homme et sans fortune, Deftasfaut-Gowin sut par sa persévérance et une force de volonté peu commune s'élever, de l'étude d'un procureur de Liége, au Conseil d'état de Napoléon. Dans les missions qu'il eut à remplir dans les pays conquis, il déploya une grande fermeté et beaucoup de désintéressement.

Le buste voisin, n° 12, moulé aussi sur nature, de Gust. de Schlabrendorff, présente exactement la même organisation ; mais avec un développement moindre de l'organe de la vanité. Ce qui implique pourquoi Schlabrendorff, qui introduisit en France l'enseignement mutuel et importa l'usage des stéréotypes, ne chercha jamais à recouvrer, par son industrie et à l'aide des nombreux bienfaits qu'il accomplissait chaque jour, la fortune dont il jouissait en Prusse, avant son exil.

Nous pourrions citer, comme exemple, un grand nombre des bustes que nous venons de passer en revue, car il n'est pas de grands caractères chez lesquels on ne rencontre cette conformité. Grégoire VII, Richelieu, Charles XII, Napoléon, Casimir Perrier, Lamennais, etc., sont là pour le témoigner. Gall lui-même, et il le savait, car souvent, en parlant de l'influence de cette faculté de

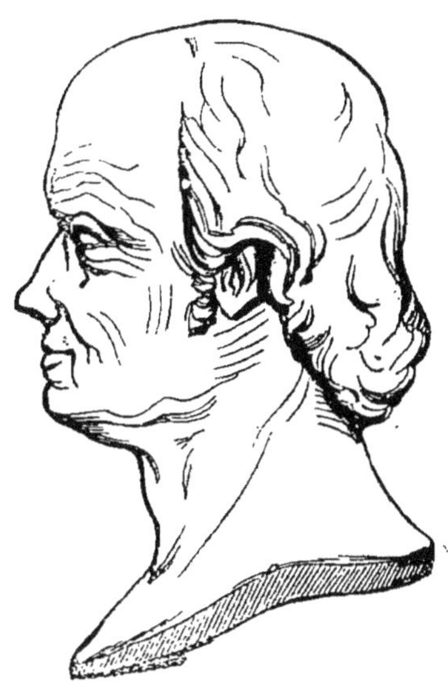

persévérance, il portait la main à la partie postérieure supérieure de sa tête, en disant : « Sans le développement de cet organe il y a longtemps que j'aurais été arrêté dans mes recherches. »

Tels sont les vingt-sept organes admis par l'illustre fondateur de la science ; nous avons indiqué dans notre second chapitre, que Spurzheim en avait porté le nombre à trente-sept. Parmi les dix organes qui forment la différence, quelques-uns appartiennent encore à Gall, qui les confondait volontairement avec les organes voisins ; ainsi, pour l'instinct qui préside au choix d'une habitation que

Spurzheim a nommé *habitativité*, Gall pensait que la prédilection pour les sites élevés, manifestés par certains animaux, dépendait de la même force fondamentale qui inspire à l'homme le désir de commander, et que l'instinct des animaux de s'élever au physique, et celui qui pousse l'homme à s'élever au moral, appartenait à un même organe. Spurzheim a dédoublé les parties cérébrales affectées à ces manifestations, et une observation attentive lui a fait regarder la partie inférieure (3) comme le siége spécial de l'instinct d'habiter certains lieux,

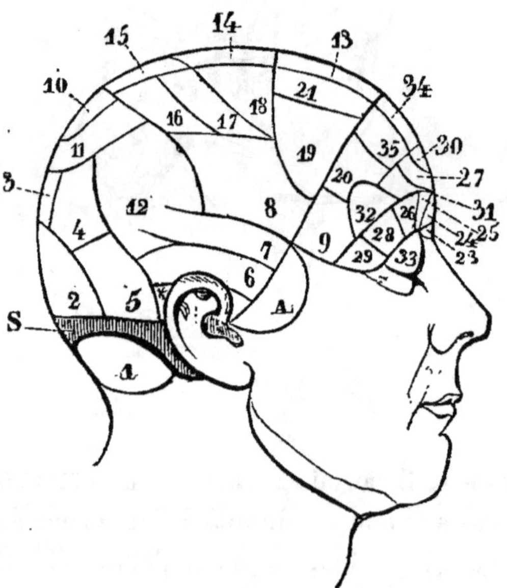

l'amour de l'habitation, laissant à la partie supérieure (10) le pouvoir de présider seule à l'esprit de domination, au penchant à commander. Gall, du reste, ne s'est jamais opposé à cette séparation opérée par Spurzheim, pas plus qu'à l'assignation d'un organe distinct pour le penchant au merveilleux. Comme le maître a parfaitement déterminé la conformation de la tête qui accompagne cette disposition de l'esprit, nous l'avons classée dans l'exposé de son système.

Spurzheim a encore dédoublé l'*éducabilité* (11), l'*individualité*, dont le siége est à la partie inférieure du front,

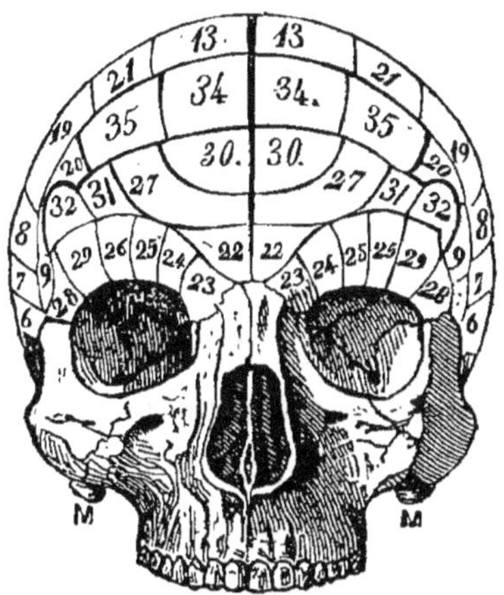

au-dessus de la racine du nez (22), et l'*éventualité* qu'il place immédiatement au-dessus (30). En résumé, les seules facultés pour lesquelles Gall n'a pas assigné d'organe distinct sont ceux de l'*ordre*, dont il rapportait les manifestations de l'organe du calcul, de *la pesanteur*, de *l'étendue;* puis des sentiments d'*espérance* et de *justice*. Il y a donc en tout cinq organes de plus dans la nomenclature de Spurzheim; si Gall n'a pas mentionné certaines de ces facultés, l'étendue et la pesanteur, par exemple, c'est que, fidèle à son but véritable, celui de déterminer les fonctions du cerveau en général et celles de ses diverses parties, il n'admit, comme force fondamentale, que les dispositions naturelles auxquelles il parvint à spécifier un organe distinct, et cela avec raison pour ces deux facultés; car la localisation qu'en a faite Spurzheim dans les parties antérieures du cerveau n'est pas encore établie

d'une manière irrécusable pour tous les phrénologistes.
Quant aux deux dernières, surtout le sentiment de justice qui exerce une si haute influence sur la conduite
humaine, il est peu de facultés dont la localisation soit
moins contestable à nos yeux. L'organe de la *conscience*
ou *justice* siége entre la fermeté et la circonspection ;
son développement donne au contour de la partie postérieure de la tête un aspect tout particulier qu'on ne rencontre pas chez les individus de nature dégradée. Les
80 crânes de voleurs, que nous avons recueillis pendant
notre séjour à Bicêtre, présentent tous une conformation
semblable en ce point, les parties supérieures postérieures
de la tête sont évidées en forme de toit de couvreur. Com-

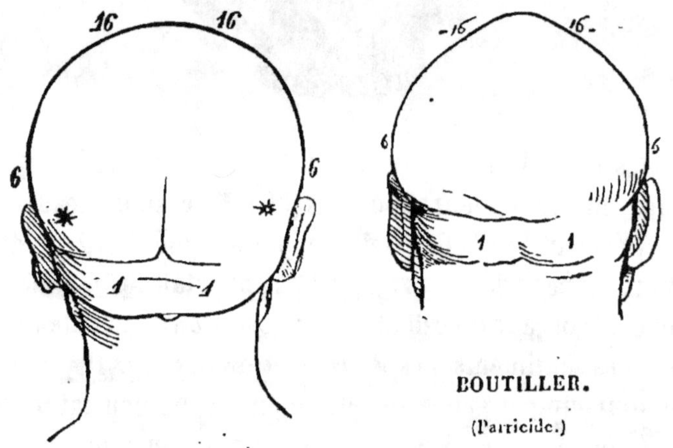

BOUTILLER.

(Parricide.)

parez ces deux dessins : l'un représente le contour de la
partie postérieure du *général Lamarque*, l'autre celle
du *parricide Boutiller*, vous trouverez dans toutes les
deux un large développement des parties latérales où
siégent les organes du courage et de la destruction, et
bien que ce dernier soit plus prononcé chez Boutiller, ce
n'est pas dans la prédominance de cette partie cérébrale
qu'il faut aller chercher la cause de son crime, mais dans

l'absence des organes de bienveillance et d'amour des parents, que nous avons déjà noté, pag. 32, et surtout le

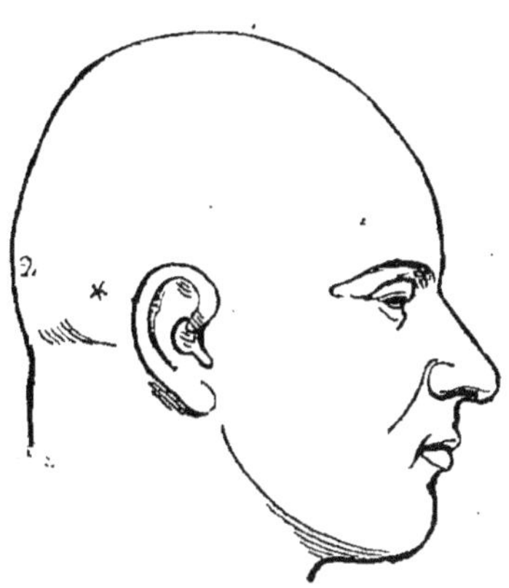

manque complet du sentiment de justice; nous reviendrons sur ces faits dans le chapitre sur l'éducation secondaire, celle de l'homme fait.

Nous avons fait de la collection de Gall une description aussi complète que possible, dans les limites qui nous sont imposées, pour engager les personnes qui veulent étudier la science, à aller la visiter. Nous pensons cette promenade plus utile que certains cours de phrénologie où l'on oublie trop souvent les pièces et l'échafaudage de la science pour ne montrer que le monument tout fait. On semble exiger des étrangers une foi aveugle comme s'il s'agissait de dogme. On peut réclamer la foi pour une religion, mais la science doit expliquer ses mystères, découvrir ses langes et montrer ses premiers pas, sans cela les esprits raisonneurs d'aujourd'hui ne font plus droit à ses déductions.

Le Musée du Jardin des Plantes n'est pas la seule collection phrénologique de Paris; il est encore deux cabinets particuliers dont nous avons déjà parlé, où la science est offerte à ceux qui le désirent, ce sont : le **Musée de M. Dumoutier**, où les pièces sont nombreuses, et celui de phrénologie comparée du docteur Vimont, qui renferme la collection de crânes d'animaux la plus complète qui ait jamais été faite.

CHAPITRE IV.

DES FAITS.

Maintenant, arrivons au chapitre que nous avons promis, et citons des faits pris au hasard, en nous abstenant de toute réflexion; leur place n'est point ici, et d'ailleurs il est des choses dont le simple récit possède une éloquence qui rend les raisonnements inutiles.

Nous avons vu comment le docteur Gall avait été conduit à la découverte de son système. L'organe de la mémoire est celui qu'il détermina d'abord. Des yeux saillants étaient pour lui un indice certain de cette faculté. Dès lors, il rechercha des signes extérieurs pour l'imagination, le jugement..., en suivant la division philosophique des facultés de l'âme. Bientôt il s'aperçut qu'il obtenait des résultats contradictoires. Gall ne douta cependant pas de la science, il comprenait qu'il suivait une mauvaise route, et, toutefois, il ne savait où prendre la bonne voie ; une observation vint tout à coup l'éclairer sur la marche à suivre. Un soir, en sortant du théâtre, on lui présenta une demoiselle dont la mémoire musicale était si grande, qu'elle répétait, après une seule audition, les morceaux qu'elle venait d'entendre. Cette jeune personne n'avait point les yeux gros et à fleur de tête.

De ce moment, le docteur Gall fut convaincu qu'il

existait plusieurs espèces de mémoire, dont les manifestations sur le crâne devaient être différentes, et qu'il en devait être de même pour les observations analogues où il avait échoué. Ainsi que nous l'avons dit au chapitre Ier, il commença à se dégager des divisions de l'école pour s'adonner à l'étude de la nature, avec son seul penchant à l'observation et à la réflexion.

Les nombreuses expérimentations auxquelles il se livra lui donnèrent, pour juger, à la seule inspection d'une tête, les petites différences qui existent entre les crânes de chaque individu, et par conséquent pour deviner les penchants des personnes qu'il entrevoyait, un coup d'œil tellement sûr, que plus d'une fois il excita dans les salons le plus profond étonnement et presque de la terreur.

Un soir, M*** avait réuni chez lui une nombreuse société, composée de gens du monde, de philosophes et de savants. Le docteur Gall, dont le système alors occupait l'attention générale, s'y trouvait. On discutait vivement chacune des assertions du phrénologiste, et l'avantage allait rester aux grands parleurs, c'est-à-dire aux adversaires de Gall, car l'élocution de ce dernier n'était pas aussi facile, lorsqu'on annonça une personne totalement étrangère, un professeur allemand. Gall aussitôt fixa ses regards sur le nouveau venu. Un instant lui suffit pour distinguer ses organes prédominants. Puis, s'adressant aux philosophes qu'il avait voulu convaincre de la possibilité de deviner les penchants à la simple vue de la tête ; « Monsieur, ajouta-t-il, va m'aider à vous convaincre. Je ne l'ai jamais vu ; je ne le connais pas plus qu'il ne me connaît lui-même, et cependant je puis vous dire quelle est sa passion dominante : monsieur a l'organe des collections et il en fait une. » L'étranger tout surpris, fit un geste affirmatif. « Ici je pourrais m'arrêter, continua

Gall, mais on peut faire des collections de livres, d'autographes, d'insectes, de minéraux, de plantes, de médailles, etc. ; et je veux aller plus loin. Je puis vous dire de quoi se compose cette collection, elle n'est formée d'aucun des objets que je viens de nommer, c'est de tableaux qu'elle est faite. » Tous les regards se portèrent sur le collecteur, qui, par son geste approbatif, redoubla la surprise générale qu'il partageait lui-même.

L'étonnement et l'admiration étaient peintes sur toutes les figures ; Gall jouissait de son triomphe ; l'enthousiasme avait succédé à l'incrédulité. Il demande à ajouter quelques mots : « Que penseriez-vous donc de ma doctrine, si elle me permettait de juger que les tableaux dont monsieur est si grand amateur ne représentent ni des sujets d'histoire, ni des portraits, ni des costumes, ni des animaux, ni des fleurs, mais qu'ils représentent des paysages? »

C'était vrai. L'argument était victorieux. Gall l'emporta, et la foi de plus d'un incrédule fut ébranlée ce soir-là.

Une anecdote que rapporta dans le temps la *Gazette des Tribunaux*, nous montrera jusqu'où le célèbre docteur avait poussé cette infaillibilité d'investigation.

En 1823, le professeur donnait chez lui des leçons de phrénologie. Ses auditeurs, pour la plupart, étaient des élèves en médecine, admis comme internes dans les hôpitaux, tous avides de la parole du maître, et qui, par leur position, se trouvaient à même d'augmenter sa précieuse collection. Malgré la défense du docteur, dès qu'un sujet digne de remarque à leurs yeux mourait dans les hôpitaux, ils en dérobaient la tête au profit de la science et la déposaient sur le bureau du professeur. Plus d'une fois Clamart leur fournit les cadeaux qu'ils lui faisaient.

Cette année-là, on exécuta , à Versailles, un de ces hommes dont les forfaits sont presque sans exemple dans les fastes de la Cour d'assises. Quelques étudiants résolurent de se procurer la tête du supplicié. Ils y parvinrent, et le soir même elle figurait au milieu de la table du docteur Gall. Dès qu'il aperçut le nouveau larcin de ses élèves : « Encore une folie ! » dit-il avec un air de bonhomie, moitié souriant et moitié grondant. Puis en arrêtant les yeux avec attention sur ce crâne : « Oh! *la vilaine tête*, » s'écria-t-il.

Puis il la prit dans ses deux mains, la palpa avec soin, l'examina en tous sens avec attention, et poursuivit, après une pose de quelques minutes : C'est la tête d'un supplicié... Cet homme a dû être conduit au crime par l'entraînement impétueux des sens ; les voluptés physiques, un désir ardent de les satisfaire ont dominé certainement toutes les facultés de ce malheureux. Il devait avoir d'ailleurs une intelligence des plus médiocres, un caractère sombre, et assez enclin à la destruction. Ses désirs exaltés, pervertis par la solitude et la privation, auront été poussés à un tel degré d'exaltation frénétique, que tous les moyens, surtout celui du meurtre, lui auront été suggérés pour les satisfaire.

En disant cela, le docteur Gall signalait le front étroit, la dépression totale de la partie de la tête, le développement des lobes moyens, les parties latérales, siége de là ruse et de la disposition à détruire ; il faisait surtout remarquer ce col, large à la base du crâne, où s'agitait et devait bouillonner, pendant sa vie, un volumineux cervelet, comprimant de son poids tout le reste de la masse cérébrale. Il ajouta, en montrant quelques exostoses ou os pointus qui s'avançaient dans la substance intérieure du cerveau, que cette disposition maladive avait pu donner

aux actes de férocité du criminel un caractère de déver-
gondage vraiment inexplicable.

Chacun écoutait en silence, et recueillait avidement ses
paroles, car, sans le savoir, le maître racontait et expli-
quait le crime de *Léger* dont la tête était tombée le matin.

(Poussé à vingt-huit ans par la mélancolie sauvage de sa
nature, cet homme s'était retiré sous un rocher au milieu
des bois, vivant du gibier dont il s'emparait à la course,
et qu'il dévorait tout sanglant. Un jour il s'élança du
haut de son rocher sur une jeune fille de quinze ans, lui
passa un lien autour du col, l'emporta au fond des bois;
là, il assouvit ses désirs effrénés sur ce corps qu'il avait
mutilé, puis s'en fit un horrible repas.

Léger dormit trois nuits entières auprès du cadavre de
sa victime, les cris des corbeaux qui la lui disputaient
l'en chassèrent, c'est alors qu'il s'enfuit et tomba dans
les mains de la justice devant laquelle il fit cette naïve et
féroce réponse : *Si j'ai bu son sang, c'est que j'en avais
soif.*)

Les élèves étaient tous livrés aux réflexions que la vue
de cette organisation si triste faisait naître en eux, quand
le docteur reprit : « Et pourtant, cette tête si mal faite ne
devrait pas nécessairement conduire au crime; il y avait
encore dans cette cervelle assez d'intelligence pour ré-
sister et combattre; mais cet homme était sans doute
d'une ignorance profonde, son enfance aura été aban-
donnée à son vicieux penchant, rien n'a pu développer
ses facultés, les diriger, et par conséquent prévenir le
mal. L'éducation n'a point passé par là, sans cela le pauvre
malheureux, dont on n'eût probablement jamais rien fait
de remarquable, mènerait, à cette heure, paître ses vaches
ou conduirait sa charrue. »

Ces paroles du docteur Gall ne sont jamais sorties de

la pensée des auditeurs ; elles les convainquirent, et elles peuvent apprendre à tous que, dans sa doctrine, il tenait pour principe constant et certain qu'on ne peut dire, à l'inspection de la tête d'un individu, ni ce qu'il fait, ni ce qu'il fera ; que l'homme n'est pas assujetti au despotisme de son organisation, et qu'il y a dans toutes les têtes, si ce n'est dans celles des imbéciles et des fous, chez qui le crime n'est pas possible, discernement pour comprendre le vice et puissance pour le combattre.

Pour arriver à se prononcer d'une manière aussi franche sur les organes développés sur les différentes têtes soumises aux investigations cranioscopiques, il faut une longue pratique et une faculté d'observation des formes fort remarquable. Après Gall et Spurzheim, plusieurs phrénologistes distingués sont parvenus à ce degré de certitude dans leurs appréciations. Nous allons en citer deux exemples :

Une vieille femme, la veuve Houet, habitait une maison de la rue de Vaugirard, elle en disparut tout à coup. Le désordre où l'on trouva son appartement fit penser qu'elle avait été assassinée et que son cadavre avait été enlevé.

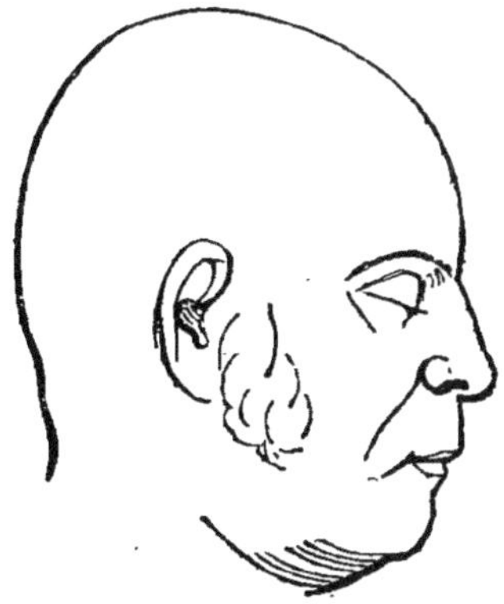

Deux hommes, Bastien, et le gendre de cette femme,

nommé Robert, furent soupçonnés de ce crime, mais les preuves n'étant pas suffisantes pour les mettre en jugement, la justice ne put les poursuivre ; néanmoins la police ne cessa d'avoir les yeux sur eux. Dix-huit années s'étaient écoulées, lorsqu'elle parvint à surprendre une lettre que Bastien écrivait à Robert. Dans cette lettre Bastien réclamait de l'argent et menaçait, en cas d'un nouveau refus, de faire connaître l'objet mystérieux que recouvrait la terre du petit jardin du n° 81 de la rue de Vaugirard. Des fouilles furent faites sur cette indication et conduisirent à la découverte d'un squelette. Ces deux hommes furent arrêtés, et les perquisitions ultérieures donnèrent lieu à une scène fort curieuse, dont les journaux rendirent compte le lendemain. Nous en empruntons la narration au *National :*

« Samedi dernier, la mystérieuse maison de la rue de Vaugirard a été le théâtre d'une scène singulière. M. Dumoutier, anatomiste distingué, avait été mandé par M. Orfila, sans qu'on lui eût fait connaître les motifs qui obligeaient à recourir à son ministère. Introduit dans une salle où se trouvaient le procureur du roi, les deux prévenus, des médecins, des gardes municipaux et des agents de police, le professeur d'anatomie paraissait ne savoir que penser de la compagnie où il se trouvait et de ce qu'on attendait de lui. On lui demanda de déterminer, si les os qu'on lui présentait appartenaient tous à un même individu de l'espèce humaine, et quels pouvaient être le sexe, l'âge de cet individu, ainsi que l'espace de temps qu'il était resté en terre ? M. Dumoutier ayant examiné les débris du squelette, mit de côté quelques ossements d'animaux qui s'y trouvaient mêlés, et après avoir examiné la tête avec attention, jugea, par sa forme allongée d'avant en arrière, qu'elle avait appartenu à une femme.

L'état des sutures lui fit penser que cette femme devait être avancée en âge. Il ajouta qu'il devait y avoir plusieurs années qu'elle était inhumée. On peut s'imaginer facilement l'intérêt que présentait cet examen aux personnes qui étaient informées de ce qui le motivait. La physionomie des prévenus témoignait qu'ils n'y étaient pas indifférents ; d'autant plus que les observations du savant anatomiste tendaient à établir une accablante identité. Mais leur surprise et celle des spectateurs fut au comble, quand M. Dumoutier, continuant ses remarques, commença à parler de la personne dont il tenait la tête, et assura qu'elle devait être avare, disposée aux emportements ; ajoutant d'autres détails, qui tous se trouvaient parfaitement d'accord avec ce que l'on connaissait de la veuve Houet. Deux siècles plus tôt, ainsi que le fit observer le procureur du roi, une semblable divination eût conduit son auteur droit au bûcher. Et cependant M. Dumoutier n'est pas un magicien, il est tout simplement un élève distingué de Gall et de Spurzheim. »

Dans un moment où la phrénologie commence à être généralement étudiée, le fait que nous allons rapporter ne peut manquer d'exciter l'intérêt de ceux qui croient et la curiosité de ceux qui doutent encore.

Dernièrement encore, la justice est venue demander les lumières de M. Dumoutier. Parmi les dépouilles informes des victimes de l'événement du 8 mai, se trouvaient celle de M. Dumont d'Urville. Quelques indices désignaient un crâne comme étant celui du célèbre amiral. Le phrénologiste, à l'aide de la science, affirma l'authenticité de cette tête, seul reste du savant à qui l'on devait rendre les derniers honneurs.

Il y a quelques années le docteur Leroy se rendit au muséum de Versailles ; il avait lu dans plusieurs ouvrages qu'on y conservait le crâne de la Brinvilliers, et il désirait étudier l'organisation cérébrale de cette femme.

L'histoire de la célèbre empoisonneuse est bien propre à éveiller cette curiosité. On doit se rappeler que Marie-Marguerite Dreux d'Aubrai fut mariée de bonne heure au marquis de Brinvilliers, mestre-de-camp des armées du roi; qu'une liaison coupable avec un misérable nommé Sainte-Croix la conduisit, pour cacher une faute, à son premier crime d'infanticide. Cette femme, qui avait tué son fils, ne devait pas hésiter à briser tout ce qui s'opposait à ses dérèglements. Sainte-Croix, initié aux mystères de l'alchimie par un Italien du nom d'Exili, lui prêta les ressources de sa science, et successivement le père de la marquise et ses deux frères moururent subitement. Le même sort était réservé à l'époux, qui se lassait de la conduite scandaleuse de sa femme; mais cependant les poisons, dûment expérimentés sur une femme de chambre et sur son propre fils, n'amenaient aucun résultat. Son complice, s'effrayant à l'idée d'unir son existence à celle d'un pareil monstre, administrait chaque jour un contre-poison à M. de Brinvilliers, qui vécut assez longtemps pour voir le supplice de sa femme.

Un hasard déchira le voile impénétrable qui recouvrait les exécrables actions de la noble empoisonneuse. Sainte-Croix s'était asphyxié en composant un nouveau breuvage; la police pénétra dans son laboratoire, et les perquisitions qu'elle y fit amenèrent la découverte de sa correspondance avec la marquise. Celle-ci se réfugia dans un couvent de la ville de Liége, d'où l'agent Desgrais sut la faire sortir par ruse. Le 17 juillet 1676, la justice fut satisfaite.

Le docteur Leroy, après avoir examiné ce crâne, nia l'authenticité de cette pièce. Entre autres organes incompatibles avec le caractère du sujet, il présentait celui de

la philogéniture à un degré de développement fort remarquable, et la Brinvilliers empoisonna son fils. L'état
des os annonçait une personne plus jeune que la Brinvilliers, qui ne fut exécutée qu'à l'âge de 50 et quelques

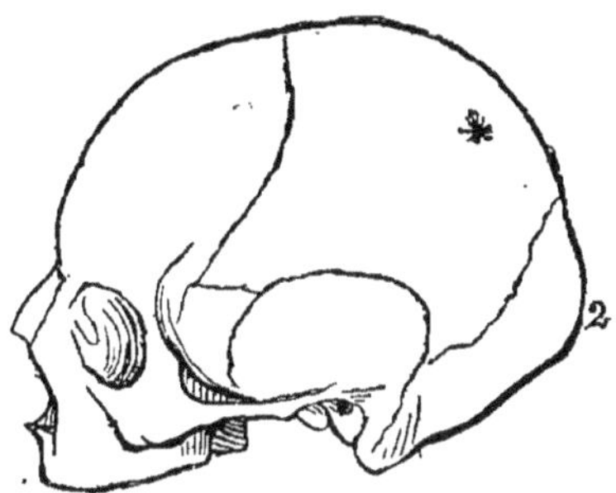

années. D'ailleurs le crâne n'était pas en rapport avec la
taille de la marquise, dont les historiens nous ont scrupuleusement conservé la mesure.

L'amour-propre, *l'amour de l'approbation*, *la circonspection*, *la ruse*, *la destructivité*, *la vénération* et
la fermeté, furent les autres penchants prédominants que
le docteur Leroy remarqua sur le crâne ; il fit part, en se
retirant, de ses doutes au conservateur.

Quelques mois après, ce dernier trouva sur un inven-
taire de la bibliothèque, un article ainsi conçu : *Tête de
madame Tiquet.* Il devint évident que le crâne si longtemps livré à la curiosité publique pour celui de la marquise de Brinvilliers était le crâne de madame Tiquet.

M. Leroy, à qui le conservateur en écrivit, pensa qu'à
l'aide de son appréciation cranioscopique on pourrait trouver des renseignements, dans les *Causes célèbres*, sur la
vie de cette dame Tiquet, ses observations ne lui laissant
nul doute que ce crâne n'eût appartenu à une personne
poussée au crime par ses mauvais instincts. L'ouvrage fut
consulté et les détails qu'on y lut confirmèrent le jugement du savant phrénologiste.

Angélique-Nicole Cordier est en effet une de ces femmes qui ont payé de leur tête une affreuse renommée.

Elle était grande et belle. Restée orpheline de bonne heure, et pouvant disposer d'une grande fortune, elle choisit, parmi ses nombreux admirateurs, celui qui sut le mieux flatter sa vanité. M. Tiquet, conseiller, lui offrit, le jour de sa fête, un bouquet de fleurs montées avec des diamants, et l'emporta sur ses rivaux.

Après deux ans de mariage, les ressources de M. Tiquet, par suite de fausses spéculations, venant à diminuer, avec sa fortune s'en alla l'amour de sa femme. Froissée de ne pouvoir plus mener une existence aussi brillante, elle se prit à haïr son mari, et tous ses mauvais instincts

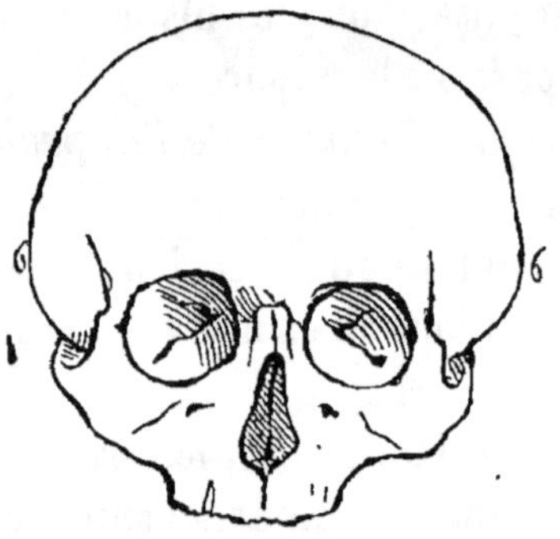

reparurent avec ce sentiment, la destructivité surtout, car de ce moment elle résolut la mort du conseiller.

Plusieurs fois ses tentatives d'assassinat échouèrent. Mais un soir, en rentrant chez lui, M. Tiquet fut atteint d'un coup de pistolet dirigé par son portier, le complice de sa femme.

Pour détourner tous les soupçons, le lendemain de l'événement elle alla dans une réunion nombreuse où sa dissimulation trompa tout le monde.

Néanmoins, sur quelques indices on l'arrêta. Alors, dit l'instruction, une dame se trouvait dans son appartement. Elle la pria de ne pas la quitter ; son amour-propre répugnait à se trouver seule avec *cette canaille*, comme elle appelait les estaffiers.

Après avoir requis l'apposition des scellés et embrassé tendrement son fils en lui cachant ses larmes (philogéniture), elle se laissa conduire en prison. Le sentiment de vénération existait aussi chez elle, car elle reçut d'une façon édifiante toutes les consolations de la religion.

Enfin, l'énergie dont elle fit preuve, le jour de l'exécution, en voyant son complice monter avant elle sur l'échafaud, et en aidant elle-même aux apprêts de sa dernière toilette, justifie le développement de l'organe de la fermeté, remarqué sur le crâne du musée de Versailles ; tous ces faits réunis viennent démontrer l'exactitude des observations du docteur Leroy[1], et pour ainsi dire l'infaillibilité de la science, lorsqu'on n'exige pas d'elle plus qu'elle ne peut donner.

Nous ne multiplierons pas davantage les exemples ; nous aurons l'occasion, à mesure que nous avancerons, d'en rapporter quelques-uns encore. Ceux-ci doivent, au reste,

---

(1) Si l'on veut juger de la bonne foi de certains adversaires de la phrénologie, en voici un échantillon. Dans un ouvrage récemment publié : la *Physiognomonie* et la *Phrénologie*, l'auteur, M. *Isidore Bourdon*, cherche à faire tourner ce fait contre la phrénologie ; voici ses propres paroles : « Les mêmes hommes s'évertuèrent, il y a huit ans, à retrouver les caractères d'une infâme empoisonneuse dans un crâne qu'on avait découvert dans le Musée de Versailles, et qu'on croyait être celui de la Brinvillers. *Un M. Leroy* s'assura ensuite que ce crâne était celui d'une dame Tiquet, fort galante, épouse d'un conseiller au parlement. » Mais il se garde bien d'ajouter que la galante épouse, après avoir cherché à empoisonner son mari, le fit assassiner. On voit que la politesse, la logique et la probité scientifiques ne sont pas les qualités dominantes de cet académicien.

déjà donner au lecteur une idée de la valeur d'induction de là phrénologie.

CHAPITRE V.

APPLICATION A LA POLITIQUE. — ROLE DE LA FEMME.

Si la politique est la règle des relations des hommes entre eux, elle doit avant tout s'appuyer sur la connaissance de l'homme.

La phrénologie, comme science anthropologique complète, ainsi que l'a fort judicieusement fait observer M. Thoré, est donc destinée à fournir les éléments d'une véritable hiérarchie sociale. Une fois les facultés humaines fondamentales bien déterminées, la règle des rapports sociaux n'est plus qu'une déduction.

En effet, la destinée de l'homme, ici-bas, est la gestion, l'exploitation du globe qu'il habite ; cette gestion embrasse une série de travaux, de fonctions qui suivent une marche ascensionnelle, depuis l'humble labeur du terrassier jusqu'aux sublimes occupations d'un Newton ou d'un Cuvier. A cette série de fonctions, de travaux, correspond une série de travailleurs, de fonctionnaires, destinés par la nature à exercer leur genre d'activité, résultat de l'organisation cérébrale dont ils sont doués, à remplir le genre d'occupations qui y correspond. En s'appuyant sur cette base, on ne fera plus d'un poëte un mathématicien, ou d'un mécanicien un musicien, etc. Dans cette immense échelle dont je viens de parler, chacun devrait avoir son échelon, et les degrés inférieurs, pour être plus bas placés, n'en seraient pas moins nécessaires à l'harmonie générale. La bonté d'un mécanisme social consisterait donc à placer chaque individu dans des circonstances telles qu'il pût se développer librement et choisir la fonction qui correspond à ses penchants, à ses facultés et à ses aptitudes, sans danger pour lui individu, comme pour la masse.

Si, comme on l'a dit, la vraie politique consiste à favoriser le développement de toutes les individualités, et à les harmoniser dans une tendance générale vers un but commun ; si la politique doit tenir compte de la valeur de chacun ; si elle doit établir les droits en proportion du mérite personnel, et partager l'œuvre sociale suivant les aptitudes de chaque organisation et dans l'intérêt de tous ; c'est encore à la phrénologie qu'il faut avoir recours ; elle seule peut spécifier les individualités, en déterminant les lois organiques qui les commandent.

La phrénologie est donc une science qui tend, dans ses applications, à être éminemment réformatrice.

Notre tâche serait trop longue, elle nous entraînerait au-delà de nos limites, si seulement nous nous livrions à l'énumération des points à réformer. Bornons-nous ici à déterminer, d'après notre philosophie, la première règle de politique, c'est-à-dire la première de toutes les relations sociales, celle de l'homme et de la femme ; et voyons comment la phrénologie résout cette question soulevée par toutes les religions : Quel doit être le rôle de la femme dans la société ?

Dans l'antiquité, de nos jours encore, chez les peuples sauvages, et parmi les nations civilisées, la femme n'a qu'un rôle fort secondaire. Les anciens la traitaient comme une chose ; ils l'achetaient et la revendaient. A Sparte, on se la prêtait pour donner de beaux enfants à la république ; Rome la frappait de mort pour la plus légère faute. Nul ne soupçonnait la destinée que les femmes pouvaient accomplir. Aristote se demandait même si elles étaient susceptibles de vertu ! Les habitants de l'intérieur de l'Afrique, les Patagons, les peuples nomades de l'Asie, les emploient aux travaux les plus durs. Les Orientaux les enferment dans les sérails, d'où leur voix ne se fait jamais entendre ; chez nous leur influence est plus grande ; néanmoins, la loi ne les met pas sur la même ligne que les hommes, et les écarte des affaires publiques.

On a dit que cette sujétion provint, dans les premiers temps, de l'infériorité musculaire des femmes. On en a déduit alors une infériorité d'intelligence qui les a empêchées, sinon de conquérir une place supérieure dans la société, du moins de rétablir l'équilibre entre les deux sexes.

La première assertion est évidente ; il suffit d'une simple comparaison pour s'en convaincre. Généralement la femme est plus petite, son corps est plus délicat, ses membres sont plus courts et proportionnellement plus frêles. Sa constitution lymphatique contribue encore à rendre sa force moindre que celle de l'homme.

La seconde est fausse, non pas que nous prétendions qu'il y ait une identité parfaite dans les pouvoirs intellectuels des deux sexes, mais nous admettons des puissances équivalentes, car, de même que dans l'ordre physique la nature a donné à chacun des organes propres à la mission qu'elle veut leur faire remplir, de même elle a distribué, dans l'ordre moral, à chacun d'eux, et au degré nécessaire, les différents éléments dont la réunion doit concourir au but qu'elle s'est proposé.

Les attributions de la femme ne sont pas les mêmes que celles de l'homme ; mais, ce qu'on ne peut nier sans injustice, c'est que le rôle de la femme est aussi beau, aussi grand et aussi complet que celui de l'homme ; leurs œuvres, quoique diverses, sont solidaires et parallèles.

Quelle est la nature de la femme? Si nous prenons un corps de femme, la science démontrera cette proposition et nous viendra en aide pour résoudre notre question.

Nous ne pensons pas qu'elle arrive à une formule différente de celle admise par tous les bons esprits de l'époque, mais nous voulons prouver, par cet exemple, la supériorité des sciences d'observation, en montrant les limites matérielles qu'elles imposent aux déductions spéculatives qu'on est porté à tirer des faits observés.

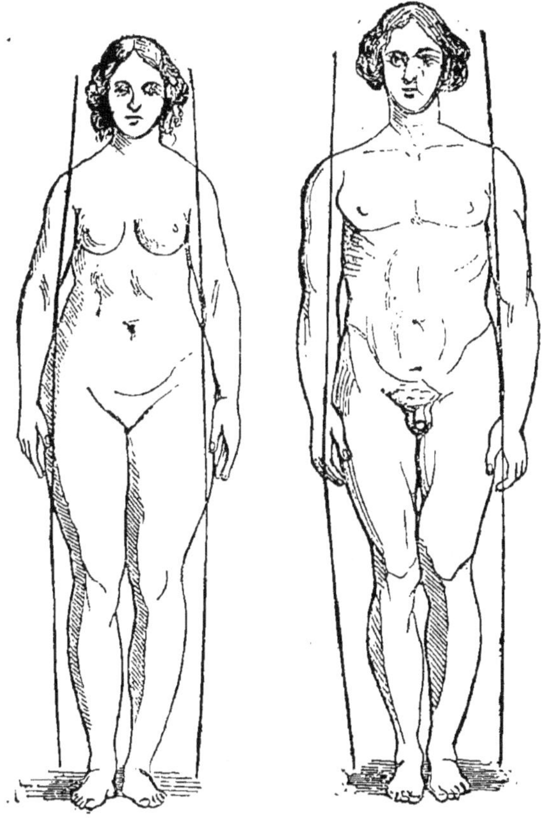

La nature a voulu que l'espèce humaine se renouvelât aussi par le concours de deux individus, semblables par les traits les plus généraux de leur organisation, mais destinés à y coopérer par des moyens particuliers et propres à chacun. La différence de ces moyens constitue le sexe dont l'essence ne se borne point à un seul organe, mais s'étend par des nuances plus ou moins sensibles à toutes les parties, de sorte que la femme n'est pas femme seulement par un endroit, mais encore par toutes les faces sous lesquelles elle peut être envisagée.

L'anatomie nous fournit les preuves physiques de cette description différente.

Ainsi, en plaçant un torse de femme entre deux lignes parallèles, dirigées perpendiculairement par le point extrême des épaules, on voit que le bassin dépasse ces limites chez la femme ; en opérant de nouveau sur un torse d'homme, le bassin de ce dernier y reste contenu tandis que les épaules les dépasseront. D'où il résulte que la poitrine est plus développée chez l'homme, à qui la force a été dévolue ; chez la femme, au contraire, c'est la partie où s'accomplit l'œuvre de la génération, à laquelle elle est destinée, qui a le plus d'extension.

En donnant à l'homme une constitution énergique pour qu'il concoure puissamment à la fin qu'elle se propose, la reproduction de l'espèce, la nature précautionneuse ne s'est pas contentée de le doter d'un instinct impérieux, elle l'y appelle encore par un attrait irrésistible en réunissant chez la femme toutes les grâces et tous les charmes possibles.

Le système lymphatique et cellulaire dominant dans la constitution de la femme, ses chairs sont plus molles et plus transparentes ; sa figure est plus ronde, son cou, que ne déforme pas la saillie du larynx, est plus long et plus souple, ses contours sont plus suaves, tout son ensemble enfin est plus gracieux et plus séduisant que

celui de l'homme, dont tout l'extérieur est en général mar-
qué par des contours anguleux et plus hardis.

L'esprit observateur arrive à distinguer dans la plus
petite partie du corps humain la révélation de la grande
loi à l'accomplissement de laquelle les sexes sont appelés.

Par conséquent l'homme et la femme sont deux natures
qui, pour en arriver là, combinent et compensent leurs
éléments. Jusqu'ici quel motif de donner la supériorité à
l'un plutôt qu'à l'autre?

Si nous cherchons les caractères distinctifs que le sexe
imprime à la constitution cérébrale, nous verrons que la
forme de la tête de la femme est bien différente aussi de
celle de l'homme et indique une destination différente.
De même que ce sont les parties du corps destinées à la
reproduction de l'espèce qui se trouvent les plus développées, de même dans le cerveau, ce sont les organes
qui président à la conservation de la famille qui se trouvent dominer dans la tête de la femme. Nous avons montré
que ces organes siégent à la partie postérieure ; si l'on

compare la tête de la femme à celle de l'homme, on voit

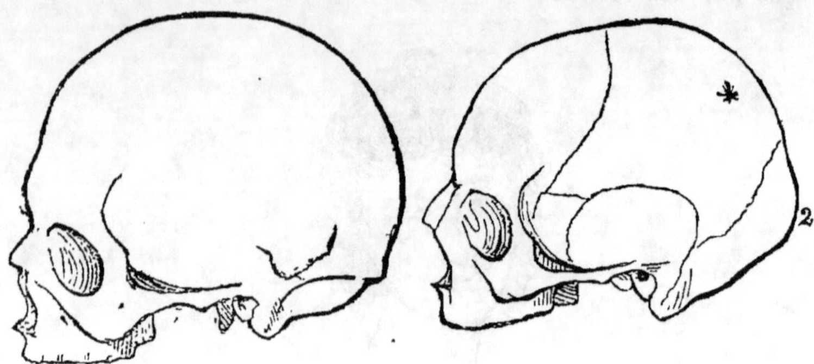

qu'elle est généralement plus allongée du front à l'occi-
put et présente moins de largeur d'une tempe à l'autre.
Mais ce n'est pas seulement par le volume de la partie
postérieure (2) où siége la philogéniture que la tête de la
femme se différencie de celle de l'homme, le front est
moins développé , et parmi les organes les plus saillants
on y remarque encore l'attachement, l'amour de l'approbation, la bienveillance, l'idéalité et la vénération ; toutes
facultés qui viennent en aide au vœu de la nature.

En général, on ne prête pas assez d'attention à l'harmonie qui existe entre les lois morales et les lois physiques.
Nous avons vu que la nature s'était plu encore à réunir
sur la femme tous les charmes possibles, afin d'assurer
l'accomplissement de son vœu. Elle devait donc en même
temps créer chez la femme un besoin d'en faire usage.

Elle lui donne à un haut degré l'amour de l'approbation, l'attachement et la bienveillance qui la portent à
plaire, à accueillir, à captiver. Lorsqu'elle exerce ces sentiments pour un seul, c'est l'amour ; car l'instinct seul
de la reproduction rarement l'incite. Quand elle les
adresse à tous, ils réunissent autour d'elle les différents
membres d'une société, préparant et facilitant ainsi, en-

tre les hommes, les rapports de commerce si nécessaires à la civilisation.

L'attachement lui inspire ce dévouement dont les femmes ont donné tant de preuves pour les objets de leurs affections ; ce dévouement aveugle que l'injustice et parfois les mauvais traitements n'émoussent jamais, ce dévouement qui soutient l'homme dans ses pénibles travaux, qui l'empêche de succomber au désespoir, qui lui sacrifie tout, le sauve et lui rend l'énergie.

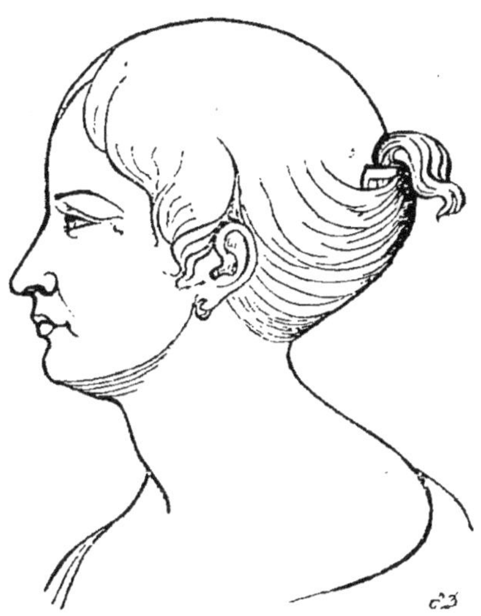

Le sentiment de philogéniture lui fait oublier au premier cri du nouveau-né les souffrances qu'il vient de lui coûter ; il lui inspire, alors que l'enfant n'a d'autre titre que sa faiblesse et son manque de secours, ce courage qui les soutient dans tous leurs soucis, dans toutes leurs peines pour l'élever ; il lui donne encore la force, lorsque chétif, le petit être nécessite des nuits passées à veiller et des jours consumés à le calmer et le soulager.

L'attachement sublime et profond qui se joint à cette faculté imprime à l'éducation qu'elle donne, le sentiment religieux et le respect profond pour la famille, ces deux sources fécondes de la morale.

Mais ce n'est pas à cela seul que se borne la destination particulière que la femme a dans la société, et nous ne partageons pas l'avis de Roussel qui dit dans son système physique et moral de la femme : « lorsqu'elle s'est acquittée de l'allaitement, qui est une des fonctions qui la distingue spécialement de l'homme, la tâche de la femme est finie. Après avoir donné la vie à un nouvel être, elle lui a donné la force de la conserver lui-même. Tout ce que la nature avait fait de particulier pour la femme n'était que pour la conduire là : lorsqu'elle y est arrivée, le plan de la nature est rempli. »

Pour nous, nous pensons que la direction première de l'homme, celle qui influe presque toujours sur sa vie entière, appartient exclusivement à la femme, mais ce rôle doit s'arrêter là ; et encore, pour le remplir convenablement, aujourd'hui l'éducation de la femme n'est point assez avancée pour diriger les jeunes intelligences qu'elles élèvent.

Aussi les voyons-nous obligées de mettre leurs fils, lorsqu'ils sont sortis de la première enfance, dans les colléges et les pensions, où la science leur est tant bien que mal inculquée, mais surtout où les qualités morales croissent comme elles peuvent à travers les influences bonnes et mauvaises qui se croisent dans ces microcosmes.

Cette éducation qui est presque tout entière à faire se complétera, il faut l'espérer, et les femmes seront à même, de ce côté, de remplir leur mission dans toute son étendue. Si nous voulions une preuve irrécusable de ce rôle éducateur que nous assignons à la femme, nous la trouverions dans la constitution morale des hommes qui se sont voués à l'éducation de l'enfance. La forme de leur tête se rapproche beaucoup de celle de la femme, l'amour des enfants qui domine lui donne la forme allongée que nous avons vue caractéristique au type féminin.

Les organes de l'amour des enfants, de la bienveillance, de la fermeté constituent le caractère patient, juste, bienveillant qui lui fait aimer l'enfance, la traiter avec franchise et bonté. Sa constitution intellectuelle où domine l'éducabilité lui permet d'établir une variété attrayante dans les travaux intellectuels. L'organisation cérébrale de l'abbé Gauthier en est un bel exemple.

Le buste moulé sur nature de Choron présente la même forme générale, plus un développement très grand de la musique ; aussi s'est-il livré à l'enseignement de cet art avec passion, aux dépens de ses intérêts même. En voici un trait : Choron fonda, on le sait, un institut de musique religieuse. Un jeune mendiant chantait dans la rue, il l'écoute, sa voix lui plaît ; il l'emmène chez lui, le présente à sa femme, en lui annonçant sa volonté de le recueillir, et de pourvoir à son éducation. A de justes représentations il s'écrie pour toute réponse : Ame vénale ! je vous parle d'une misère à détruire, d'un diamant à tailler, d'un ténor enfin, et vous me parlez d'argent ! L'enfant est aujourd'hui célèbre, son nom n'est pas notre secret.

Mais quant à vouloir faire remplir aux femmes les mêmes fonctions administratives et politiques qu'à l'homme, c'est chose impossible ; le développement de leurs facultés, à éducation égale, s'y refuse même pour les arts. Pour n'en citer qu'un exemple, prenons l'organe de la musique. Certes, sous le rapport de l'éducation musicale, les garçons sont plus négligés que les demoiselles ; cependant nous ont-elles jamais donné des compositions à opposer à celle de Mozart, d'Haydn, de Gluck, de Rossini, de Meyer-Beer? Un grand nombre de femmes s'est adonné exclusivement à la peinture, combien ont laissé de noms, je ne dis pas comme Raphael, ou Rubens, mais de noms dont on garde le souvenir? Ainsi se trouve détruit l'argument des auteurs modernes qui attribuent l'infériorité d'intelligence de la femme à son éducation particulière; sans doute elle y contribue, mais c'est surtout à leur nature propre qu'elle est due.

Si l'on nous objecte des femmes célèbres dans une autre sphère, comme madame de Staël et Catherine II de Russie, nous dirons d'abord qu'on en compte fort peu, que par conséquent ce sont des exceptions sur lesquelles

il faut bien se garder de déduire une règle. D'ailleurs l'organisation de ces femmes justifie leur excentricité en se rapprochant de celle de l'homme, aussi bien par les formes du corps que par les manifestations de leur intelligence.

Sur le profil de Catherine II vous ne voyez pas la forme allongée qui distingue les crânes de femme. Comme celle des hommes, elle est carrée et largement développée dans la partie postérieure supérieure; c'est là qu'on peut lire l'ambition qui porta l'impératrice à désirer le trône des czars, la fermeté et le courage qu'elle déploya dans

l'accomplissement de son œuvre, qui ne la fit point reculer devant le meurtre de Pierre III son mari. La haute intelligence avec laquelle elle gouverna son pays se traduit sur ce front élevé, et l'on trouve l'explication des désordres de sa vie privée dans le grand développement de l'organe de l'amativité.

D'ailleurs, la société n'est-elle pas assez élastique et ne laisse-t-elle pas se développer ces natures exceptionnelles? Si on avait un reproche à lui faire, ce serait au contraire d'élever trop facilement sur le pavoi les femmes qui échappent à leur mission et à engager ainsi une foule d'entre elles à sortir des voies que leur a tracées la nature, sans y être appelées par une organisation exceptionnelle.

« Que si le mauvais destin des femmes, ou l'admiration funeste de quelques amis, dit Cabanis, les pousse dans une route contraire; si, non contentes de plaire par les grâces d'un esprit naturel, par des talents agréables, elles veulent encore étonner par des tours de force, et joindre le triomphe de la science à des victoires plus douces et plus sûres, alors presque tout leur charme s'évanouit : elles cessent d'être ce qu'elles sont en faisant de très vains efforts pour devenir ce qu'elles veulent paraître..... Et pour le petit nombre de celles qui peuvent obtenir quelques succès véritables dans ces genres tout-à-fait étrangers aux facultés de leur esprit, c'est peut-être pis encore. Dans la jeunesse, dans l'âge mûr, dans la vieillesse, quelle sera la place de ces êtres incertains qui ne sont, à proprement parler, d'aucun sexe? Par quel attrait peuvent-elles fixer le jeune homme qui cherche une compagne? Quels secours peuvent en attendre des parents infirmes ou vieux? Quelles douceurs répandront-elles sur la vie d'un mari? Les verra-t-on descendre du haut de leur génie pour veiller à leurs enfants, à leur ménage? Tous ces rapports si délicats, qui font le charme et qui assurent le bonheur de la femme, n'existent plus alors : en voulant étendre son empire, elle le détruit. En un mot, la nature des choses et l'expérience prouvent également que, si la faiblesse des muscles de la femme lui défend de descendre dans le gymnase et dans l'hippodrome, les qualités de son esprit, et le rôle qu'elle doit jouer dans la vie, lui défendent plus impérieusement, peut-être, de se donner en spectacle dans le Lycée ou dans le Portique. »

On a vu cependant quelques philosophes qui, nous l'avons dit, ne tenant aucun compte de l'organisation primitive des femmes, ont regardé leur faiblesse physique elle-même comme le produit du genre de vie que la société leur impose, et leur infériorité dans les sciences ou dans la philosophie abstraite, comme dépendant uniquement de leur mauvaise éducation. Ces philosophes se sont appuyés de quelques faits rares, qui prouvent seulement, ainsi que nous l'avons démontré, qu'à cet égard, comme à plusieurs autres, la nature peut franchir quelquefois par hasard ses propres limites. Mais il s'agit de savoir si d'autres habitudes ne conviennent pas mieux à la femme ; si elles ne les prend pas plus naturellement ; si, lorsque rien d'accidentel et de prédominant ne violente son instinct, elle ne devient pas ce que nous disons qu'elle doit être, et ne prend pas la véritable place qu'elle doit occuper dans le monde.

Quant à déterminer l'emploi le plus propre et le plus utile que la femme puisse faire de son intelligence, c'est une question à laquelle les moralistes n'ont pas assez mûrement réfléchi ; nous avons cherché à prouver que la direction de l'enfance lui appartenait spécialement, que cette espèce d'intuition de cette partie de la philosophie morale qui porte directement sur l'observation du cœur humain l'y disposait naturellement. Cette sagacité que possède la femme à démêler chaque trait, et même chaque nuance du caractère, lui permet de saisir ce qu'il y a de bon et de mauvais dans les inclinations de l'enfance, mais la science seule peut lui fournir les données d'éducation en lui désignant les sources auxquelles elle doit les rapporter, et les éléments divers qui peuvent lui servir à augmenter le bon, ou l'aider à combattre le mauvais des tendances du moral de l'enfant.

Mais la direction est double, et l'esprit est là qui réclame aussi sa part de culture, et c'est encore à la femme que cette tâche devrait être dévolue ; son intelligence lui permet de fournir largement à l'éducation intellectuelle qu'on appelle générale. Cette instruction première nous ne la bornons pas aux notions générales que tout individu doit savoir : lire, écrire, calculer ; nous l'étendons aussi

aux éléments de grammaire, d'histoire, de géographie ;
beaucoup de mères ne le font-elles pas pour la musique ?

L'activité de la femme, au lieu de se répandre au dehors, se concentrant ainsi sur les soins de tout ordre que
réclame l'enfance, lui fera conquérir toute son influence
sociale ; car toute bornée qu'elle soit à s'exercer dans la
vie privée, comme épouse et surtout comme mère, l'influence de la femme est immense ; Leibnitz n'a-t-il pas
dit : « Celui-là, qui est le maître de l'éducation, peut changer la face du monde. »

CHAPITRE VI.

APPLICATION A L'ÉDUCATION.

Quelque rapide et incomplet qu'ait été notre exposé de
la doctrine phrénologique, il suffit cependant pour détruire
l'hypothèse admise par les anciennes méthodes sur l'égalité
native de toutes les intelligences, et par conséquent sur
la puissance créatrice de l'éducation. En considérant
l'homme naissant comme une table rase sur laquelle on
pouvait imprimer arbitrairement tel ou tel caractère,
l'ancienne philosophie enlevait à l'éducation toute portée
sociale ; elle la privait de son influence de direction spéciale suivant l'organisation individuelle.

La phrénologie en prouvant que l'éducation ne crée
aucune faculté, qu'elles existent toutes fondamentale-
ment ; que chaque individu humain a reçu de la nature,
en vertu de son organisation, des penchants, des sentiments et des aptitudes déterminés, lui rend sa juste valeur. Mais si le pouvoir de l'éducation est borné, comme
celui des choses extérieures et des institutions, à n'appor-

ter que des modifications aux éléments déposés par Dieu dans chaque organisation ; ces modifications seront d'autant plus profondes et efficaces qu'elles reposeront sur une étude plus éclairée de la constitution humaine. Notre chapitre précédent nous dispense d'entrer dans de plus grands détails sur l'opportunité de cette connaissance, nous aurons d'ailleurs plus d'une fois l'occasion d'y revenir.

Le but de l'éducation doit être le même pour tous, mais il y a deux directions à imprimer puisque la nature de chaque organisation est double : l'une morale, l'autre intellectuelle.

Jusqu'ici l'on n'a pas donné assez d'attention à ces deux routes parallèles dans lesquelles il est nécessaire de conduire l'enfant pour le rendre homme; on a négligé d'en faire la distinction, et sans même chercher à les confondre, ou à prendre une sorte de résultante, on a suivi seulement une ligne sans songer qu'il n'y avait de but à atteindre qu'autant que l'on conserverait l'harmonie.

L'éducation, telle qu'elle est communément entendue encore aujourd'hui, comprend seulement la direction *individuelle, personnelle ;* celle qui tend à élever l'individu dans la hiérarchie sociale par la puissance de son intelligence.

L'instruction étant la seule route où l'homme puisse atteindre à cette élévation, on ne s'occupe donc que de la culture des facultés de l'esprit.

L'instruction et l'éducation, distinguons-le bien, sont deux choses qui, pour être fort étroitement liées comme résultat, n'en présentent pas moins une grande différence dans leur objet par la nature des pouvoirs qu'ils ont à développer. *L'instruction* comprend seulement ce qui a trait au savoir de l'enfant; elle cultive et développe les facultés de l'intelligence; tandis que *l'éducation* a pour but la direction des facultés constituant la nature affective et morale qu'elle approprie à la destination collective de l'humanité.

La science, comme système philosophique, nous donnant le catalogue des facultés fondamentales qui entrent comme éléments producteurs de notre conduite, il est facile de rapporter à chacune d'elles les actions qui en dépendent et d'avoir ainsi le moyen de fixer nettement son attention sur les tendances des enfants.

En nous montrant en outre l'influence mutuelle des facultés, elle prouve l'importance de la doctrine pour la direction de l'éducation, car nous l'avons dit : si tous les hommes ont les éléments instructifs, moraux et intellectuels qui sont caractéristiques de la constitution humaine, ces pouvoirs sont diversement développés suivant les individus.

L'éducation doit d'abord se proposer d'équilibrer chaque individualité, lorsque quelques-unes des facultés viennent à prédominer, afin de les approprier aux nécessités générales de la société ; mais l'éducation ne peut arriver à ce but qu'en interrogeant la phrénologie, car elle ne dirigera le développement des dispositions naturelles, elle ne préviendra l'abus de leur emploi qu'en exerçant certaines facultés, qui les excitent si elles sont trop faibles, ou les contrebalancent si elles sont trop fortes ; les facultés jouant, comme la science va nous le démontrer, vis-à-vis les unes des autres, le rôle d'auxiliaire ou d'antagoniste.

§ I. — *Etude de la constitution cérébrale de l'enfant.*

La mise en activité de chacune des facultés n'apparaît point dès la naissance ; elle se manifeste à des époques successives de l'accroissement ; il est donc indispensable de commencer par étudier les différences que présentent aux divers âges l'organisation cérébrale.

Gall a esquissé quelques points de cette belle évolution des facultés, en montrant que les modifications que subit la forme de la tête sont déterminées par le développement successif des divers organes cérébraux. Il a fait remarquer que le front, petit, étroit et court à la naissance, se bombe d'une manière sensible vers quatre à cinq ans pour constituer l'ensemble appelé par lui éducabilité* :

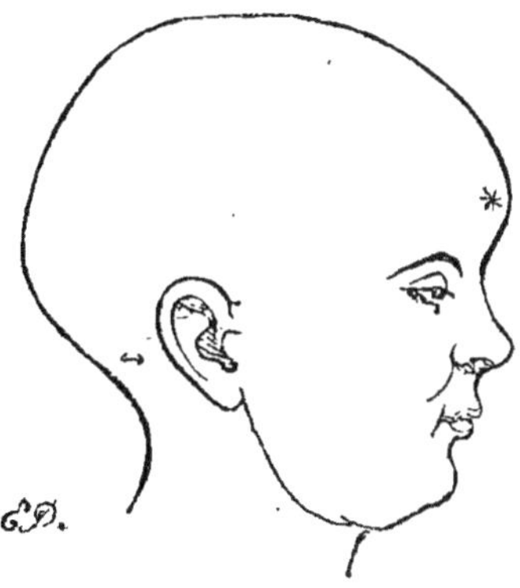

« Ainsi dès cette époque, dit-il, l'enfant regarde longtemps et avec attention tous les objets, les compare entre eux ; en peu d'années il acquiert une somme énorme des connaissances du monde qui l'entoure, et nous étonne par ses questions et par ses observations. Mais plus tard ces parties frontales se mettent, chez la plupart des individus, en équilibre avec les autres parties, le front perd de sa convexité au point même de reculer chez beaucoup de sujets, et le petit prodige rentre dans la foule des enfants médiocres. »

La partie postérieure de la tête présente à son tour des modifications aussi tranchées ; le cervelet occupe, nous le savons, les fosses occipitales situées à la base du crâne ; dans les premières années, il est très peu développé en comparaison du reste du cerveau ; aussi chez les enfants le crâne se rétrécit dans cette région (—) comme l'indique la figure ci-dessus. « Mais quelle différence, ajoute Gall, dans le garçon de douze ans ! Les fosses occipitales se prononcent déjà au dehors par des proéminences bombées ; les procès mastoïdiens sont bien plus écartés, la base postérieure est bien plus large, etc., et tout cela, parce que le cervelet se développe maintenant bien davantage, comparativement aux autres parties cérébrales. » Or ce qui arrive pour les parties cérébrales dont nous venons de parler a lieu même pour toutes les autres.

On comprend, tout d'abord, combien la connaissance approfondie de ces modifications que subit le cerveau, suivant les âges, intéresse ceux qui veulent apporter des améliorations aux systèmes d'éducation en vigueur. Mais ces notions physiologiques sont également nécessaires aux parents et aux instituteurs qui veulent se mettre à la hauteur de leur mission. Leur initiation à ces connaissances les conduira à se rendre compte de faits importants qu'ils ne peuvent apprécier sans elles. Ainsi, pour rester sur le dernier fait dont nous avons parlé, si le cervelet grêle et inactif, comme nous venons de le dire, pendant les premières années de la vie, prend à l'époque de la puberté une revanche si souvent fatale, c'est que par ignorance des lois organiques on n'est pas appelé à surveiller assez à temps le développement de ce penchant, dont les manifestations abusives ont lieu beaucoup plus tôt qu'on ne le pense communément. Ce n'est que lorsque les mauvaises habitudes ont porté une détérioration sensible dans l'organisme, encore mal assis sur ses bases, que la sollicitude des parents se trouve éveillée ; forcés d'avoir recours aux hommes de l'art, c'est seulement alors qu'ils ont le mot de l'énigme. Nous avons été déjà consulté plusieurs fois pour des enfants de moins de six ans dont l'affaiblissement de la santé ne tenait pas à une autre cause. Les modes de satisfaction de ce penchant funeste sont nombreux et variés, mais un œil exercé et attentif parvient facilement à en surprendre la valeur.

Je me rappelle qu'un jour, témoin du mouvement imperceptible d'une petite fille de sept ans et demi, assise au coin du feu sur un tabouret, je demandai à la mère si son enfant s'abandonnait souvent à de semblables mouvements; — c'est une habitude qu'elle a contractée depuis un an environ, me répondit-elle. J'avais été interrogé plusieurs fois sur les causes du dépérissement sensible de cette jeune enfant; je venais de les découvrir subitement. —Si vous avez observé votre fille avec attention, repris-je, vous avez dû voir de temps en temps son visage pâle se colorer et ses yeux briller avec plus d'éclat; — c'est vrai! fit la mère avec inquiétude. Sa sagacité fut éclairée sur-le-champ, elle fit sortir l'enfant et reçut avec joie quelques conseils sur un régime diététique convenable.

S'il nous était loisible de développer ici les moyens à opposer à la prédominance organique de cette partie de l'encéphale, dont les abus trop faciles finissent souvent par détériorer les organisations même les plus fortement constituées, nous les trouverions encore dans l'étude même des lois qui président au développement du système nerveux. Nous montrerions que la nature, en mère prudente, a pris encore ici l'initiative; elle impose à l'enfant un besoin pressant de mouvements continuels qui, tout en aidant au développement de sa constitution physique, détruit ainsi les impulsions d'un instinct qu'il n'est appelé à satisfaire que lorsque ce développement est complet. S'il nous était loisible, disons-nous, de développer ici une théorie, nous indiquerions de suite que les exercices de

8.

gymnastique sont le remède premier et le plus naturel à opposer, que le régime végétal propre à parer cet état de plénitude qui porte instinctivement au besoin de dépenser l'exubérance de force qui en résulte doit venir ensuite, et qu'enfin si ces moyens ne parviennent pas à réprimer complétement la suractivité de cet organe, la phrénologie vient fournir les dernières données du traitement ; les affusions froides, ou même une application de sangsues sur la nuque, doivent faire rentrer dans l'état normal d'action cette partie de l'encéphale.

Les conseils de la phrénologie ne sont pas tous d'une application en apparence aussi difficile que celles que nous venons d'énumérer ; prenons pour exemple une tête où domine l'organe de la destruction. L'irritabilité et la colère sont les manifestations les plus habituelles où conduisent l'excès de ce penchant ; si je voulais vous tracer le tableau de la fatale influence que cette prédominance organique exerce sur l'homme, je rappellerais les éloquentes paroles de M. Cas. Broussais dans le cours qu'il professa, en 1836, à la Faculté de médecine sur l'application de la physiologie à la morale et à l'éducation. Ce médecin a prouvé d'une manière irrécusable combien les excès de penchant portaient atteinte à la santé par les mouvements désordonnés qu'ils déterminent dans le cœur sous cette influence.

Cet organe, en effet, précipite le cours du sang avec une telle force qu'il congestionne le cerveau, en anéantit les facultés intellectuelles et opprime les sentiments moraux. *Ira furor brevis est*, a dit Horace, la colère est une courte démence ; rien n'est plus vrai, car sous l'influence de cet excès l'homme est aveugle ; il tombe au dernier rang des animaux, privé qu'il est de ce qui l'élève au-dessus d'eux.

« Mais la volonté saurait-elle ici conserver son empire? autant et plus, dit M. Cas. Broussais, que sur bien des facultés. Je n'en veux pour preuve que Socrate, que la nature avait créé l'homme le plus irritable, et qui s'est fait le plus doux, le plus patient par la seule force de sa volonté..... Ne nous faisons pas illusion cependant, ajoute-t-il, et avouons qu'il est besoin, pour se corriger, d'une volonté forte, aidée d'une intelligence éclairée et de sentiments bienveillants, car le plus souvent vous avez à lutter non-seulement entre le penchant de la destructivité, mais encore contre tous ceux qui, analogues à lui, lui servent d'auxiliaires. » Parmi les facultés, en effet, suivant les précieuses observations de M. Broussais, les unes sont pour ainsi dire naturellement antagonistes et les autres auxiliaires de chacune d'elles.

La destruction paraît avoir pour auxiliaires les plus énergiques, le courage et le besoin d'alimentation ou la faim, dont les organes semblent faire corps avec lui. « Personne n'ignore, dit M. Broussais père, quelles scènes de fureur la faim a souvent produites sur les navires, en pleine mer et dans les plages isolées, où de malheureux naufragés ont été jetés. La faim dispose éminemment à la colère les personnes chez qui l'organe de la destruction se trouve développé, et il faut de puissants motifs et beaucoup de raison pour contenir cette passion. On peut y joindre la ruse, dont l'action s'ajoute fréquemment à celle du besoin de détruire. Enfin l'orgueil et l'envie lui prêtent souvent assistance dans ces temps malheureux où la dévastation se joint au carnage. »

Au point de vue de l'éducation, l'étude des facultés auxiliaires est peu utile, car on a rarement l'occasion d'exciter à la destruction ; ce sont plutôt les cas opposés qui se présentent et dans lesquels on doit chercher à développer les organes qui produisent des manifestations opposées. Parmi les facultés antagonistes se placent donc naturellement l'affection, la bienveillance et la justice, puis le développement de l'intelligence. Toutes les fois que vous voyez l'enfant prendre plaisir à faire souffrir ou à détruire le plus petit animal, faites appel à ses sentiments d'affection, cherchez dans les faits qui l'entourent des exemples qui puissent le frapper, adressez-vous à son intelligence, faites-lui comprendre que ces animaux souffrent comme lui, que, comme lui, ils ont une famille ou des enfants à qui ils sont nécessaires, et qu'enfin ils ont le droit d'exister.

Nous l'avons dit, la colère est un des penchants qui se laissent le plus facilement maîtriser par la raison. Mille faits peuvent servir à le combattre : votre enfant vient-il à être témoin d'une scène de colère, portez son attention sur l'aspect hideux que présente la personne qui s'y abandonne, vous pénètrerez ainsi son esprit d'une crainte salutaire, et lorsqu'il sera prêt à s'abandonner lui-même à cet excès, il vous suffira souvent de leur rappeler le spectacle repoussant dont il a été témoin, pour qu'il s'apaise aussitôt.

Une mauvaise habitude, qu'on a généralement dans le monde, est de faire battre par les enfants les objets contre lesquels ils se heurtent ou le parquet sur lequel ils tombent. Agir ainsi, c'est développer le sentiment de la colère ; il vaut mieux chercher un autre moyen de calmer leur douleur, qu'en leur donnant l'idée du sentiment immoral de la vengeance. Aujourd'hui ce sentiment s'exerce sur un objet passif, demain il s'appliquera à la main qui le corrige.

« Toutes les fois que vous avez affaire à un caractère très irritable, a dit encore avec juste raison M. Cas.

Broussais, ne croyez pas qu'il faille faiblir et céder à ses exigences, comme si vous aviez peur du bruit, des menaces et de la puissance de l'enfant ; mais gardez-vous aussi d'exciter cette irritabilité par une opposition mal entendue ou injuste : cédez si vous avez tort, en montrant par quel motif vous cédez ; et résistez quand vous avez raison, non par l'emportement, non par les menaces et les coups, mais par le sang-froid et l'impassibilité. L'irritabilité la plus faible au commencement s'avive et s'élève rapidement à la plus grande exaltation par l'opposition avec une autre irritabilité ; mais quelque vive, quelque violente qu'elle soit, elle se brise contre la force d'inertie. »

Cette modération personnelle est d'autant plus nécessaire, que la colère étant contagieuse, on s'expose à en subir la réaction, et qu'après avoir élevé la voix au-dessus de l'enfant, on pourrait encore joindre les gestes aux paroles.

Quelquefois l'irritabilité chez les enfants arrive à ce point que leur visage s'empourpre et qu'ils se roulent à terre. Pour arrêter cet excès, on conseille aux parents de jeter un verre d'eau à la face de l'enfant ; c'est une chose néanmoins fort préjudiciable à la santé, et dont ils doivent bien se garder ; les exemples d'accidents graves survenus par de semblables moyens de répression sont nombreux.

Il vaut mieux attendre avec patience la fin de cet excès, lui laver la figure et le front avec un linge humide, que de s'exposer à une réaction énergique. Puis, suivant le conseil de J.-J. Rousseau, le traiter en enfant malade, l'envoyer coucher et lui faire subir un traitement innocent ; la diète surtout.

En résumé, l'irritabilité, la colère, la destruction sont des modes différents de la même faculté ; on doit tout d'abord chercher à les modérer dans l'enfance en leur opposant les penchants d'affection ; puis le raisonnement, l'action des facultés intellectuelles vient ensuite aider à les combattre ; elles finissent, lorsqu'on ne les a pas abandonnés par lassitude, par céder dans la jeunesse au sentiment de dignité alors si actif.

On ne doit pas oublier que nous nous sommes proposé d'esquisser seulement à grands traits ces applications. Tous ceux qui ont écrit sur l'éducation y ont consacré des volumes, et nous sommes forcé de renfermer en quelques pages notre pensée sur la valeur de ces connaissances physiologiques, quelque importantes qu'elles soient. A combien d'erreurs l'ignorance de ces faits ne donne-t-elle pas lieu de la part de ceux qui sont chargés de la direction de l'enfance ! que de fois des actes de ruse sont pris pour de l'intelligence, et la mémoire comme signe d'une grande précocité sur laquelle la vanité des parents s'endort ! L'exemple des jeunes calculateurs qu'il nous reste à citer va nous servir de preuve.

§ II. — *Des génies spéciaux.*

Calculateurs.

L'instruction telle qu'elle est donnée aujourd'hui dans nos écoles, bien qu'elle comporte beaucoup de modifications, sert encore d'une façon utile au développement des individus placés dans les conditions ordinaires et moyennes qui constituent les masses ; mais pour les enfants dont l'organisation présente une aptitude spéciale et dont les manifestations font présumer à tort du génie de ces enfants, l'enseignement qui alors s'occupe d'exercer cette seule faculté aux dépens des autres est plus qu'insuffisant, il est nuisible. Thomas observe fort judicieusement dans l'éloge de Descartes, que lorsqu'il s'agit d'hommes extraordinaires, il faut bien moins consulter l'éducation que la nature; que l'homme de génie se forme une éducation qui lui est propre, et qu'elle consiste, lorsqu'il a eu préalablement les bienfaits d'un enseignement intelligent, à effacer et à perdre ce qu'on lui avait appris. Mais il est un point sur lequel on se trompe toujours. Il arrive quelquefois que l'on confond parmi ces génies natifs de jeunes phénomènes qui brillent par les saillies excentriques d'une aptitude spéciale. 'En les voyant surpasser dans les manifestations qu'ils en donnent les hommes les plus remarquables de cette spécialité, on s'aveugle sur leur destinée future, on les abandonne à leur propre nature afin qu'ils n'aient pas, selon l'observation de Thomas, à perdre et à effacer l'éducation qu'on leur aurait donnée; puis on est étonné de voir ces petits prodiges, quand ils arrivent à l'âge mûr, ne posséder qu'une faculté stérile pour la société. C'est qu'il ne suffit pas d'une faculté, quelque éminente qu'elle soit, pour constituer un homme de génie; il faut le concours ou la série de toutes les facultés accessoires qui lui viennent en aide; ainsi l'individu doué de l'organe du coloris ne sera jamais qu'un peintre incomplet et fort médiocre s'il ne réunit avec l'instinct de la forme celui de l'imitation, le sentiment du beau, l'esprit d'observation, etc.

Pour ces organisations extraordinaires mais incomplètes, nous avançons que la phrénologie doit fournir le plan d'éducation qui leur est propre.

En effet, par la cranioscopie on est amené à reconnaître quelles sont les facultés prédominantes d'une organisation; elle constate le degré de force ou de faiblesse des autres. Les observations de la philosophie phrénologique apprennent les conditions d'équilibre indispensables entre les différents organes pour déterminer une manifestation quelconque et complète. Elle dit encore, et pour cela elle s'appuie sur des faits que nous mentionnerons tout à l'heure, que les organes prennent, lorsqu'on les exerce, un accroissement sensible, et que, de cet accroissement, plus ou moins grand, dépendent des manifestations en rapport direct.

Dès lors, on le conçoit, la marche est facile à suivre. Quand on reconnaît une aptitude spéciale chez un sujet, c'est de veiller à ce qu'elle n'absorbe point toute l'activité cérébrale aux dépens des facultés dont le germe existe, mais qu'on sait devoir développer pour les faire concourir à ce but : empêcher la faculté éminente de rester stérile pour la société.

Au reste, cette théorie a déjà reçu d'heureuses applications, et si l'on veut nous permettre de rendre compte d'une consultation que nous donnâmes il y a quelque temps sur cette matière, on en trouvera les exemples et les preuves.

C'était au sujet d'Henri Mondeux, le petit pâtre de la Touraine, que tout Paris a vu résoudre, avec une intuition plus rapide que l'éclair, les problèmes les plus ardus de l'arithmétique transcendante. Comme Vito Mangiamèle, cet autre pâtre sicilien, calculateur surprenant, Mondeux fut présenté au ministre de l'instruction publique ; celui-ci l'adressa de même à l'Institut qui admira pareillement le résultat de son aptitude extraordinaire. Mais l'Institut se contente de jouer aux problèmes mathématiques avec les petits phénomènes qu'on lui envoie, il se fait battre, et se borne à cette simple constatation qu'ils sont dignes de la lutte qu'ils ont engagée, et laisse avec une insouciance coupable, puisqu'il s'agit d'une chose grave qui intéresse la société tout entière, il laisse échapper l'occasion de connaître enfin ce que l'éducation physiologique promet pour l'avenir.

Le précepteur du jeune prodige, ou plutôt la personne qui le produisait dans le monde, assez inquiète de la destinée de Mondeux vint nous demander notre avis sur la direction à imprimer à son élève.

Le cas dont vous venez me parler, lui dis-je, et dans lequel se trouve votre élève, s'est déjà mainte fois présenté ; la phrénologie a été à même de l'étudier sous toutes ses faces. En vous rapportant donc ses observations et les expériences qu'elle a faites, je répondrai à chacune des questions que nous devons nous poser :

L'enfant restera-t-il toujours doué de cette faculté extraordinaire? Persistera-t-elle après l'évolution de la puberté? N'est-il point une voie sage dans laquelle la science peut le diriger pour qu'il devienne, non plus le but d'une admiration futile, qui diminuera certainement, et d'où dépend sa fortune, mais réellement un homme utile à la société? Faut-il abandonner l'intelligence de l'enfant à elle-même, ou la soumettre à l'enseignement universitaire?

Cette faculté du calcul persistera chez votre élève après l'évolution de la puberté.

Le résultat des observations phrénologiques démontre qu'à l'âge de puberté, des modifications dans le système moral et intellectuel se manifestent d'une manière aussi sensible que dans le système physique ; toutes les particularités par lesquelles se singularisait l'enfance, ces puissances d'observation, d'induction, d'imitation, etc., perdent de leur prédominance, et lors même que l'enfant brille par une faculté spéciale, cette faculté perd aussi de son activité pour s'harmoniser avec les autres ; c'est ce qu'on observe chez M. Pugliese, de Sicile, que le docteur Fossati a présenté dernièrement à la Société phrénologique.

Comme Vito, son compatriote, M. Pugliese possède à un haut degré la numération qu'il exerce, à l'instar de

tous ces jeunes calculateurs, depuis l'âge de six ans. Il est
à sa dix-septième année ; mais déjà le large développement de son intelligence et de son raisonnement ôtent à
cette aptitude son instantanéité ; déjà son esprit se préoc-
cupe de la méthode ; aussi ce jeune homme a-t-il créé une
nouvelle science.

La même observation doit être faite pour le sentiment
de l'imitation. Cet organe est si prononcé chez les enfants,
qu'il fait concevoir, dans le théâtre des Jeunes Élèves, des
sujets remarquables pour l'art dramatique : combien cependant réalisent ces espérances !

Ainsi, vos craintes sur l'instabilité de cette grande aptitude au calcul, qui fait aujourd'hui la fortune de l'enfant, sont fondées. L'organe est trop développé pour
s'éteindre tout-à-fait, mais il perdra ce caractère de
merveilleux qui fait un prodige de votre élève.

Mondeux est bien différent de Vito Mangiamèle. Chez
ce dernier, l'organe de numération était moins développé,

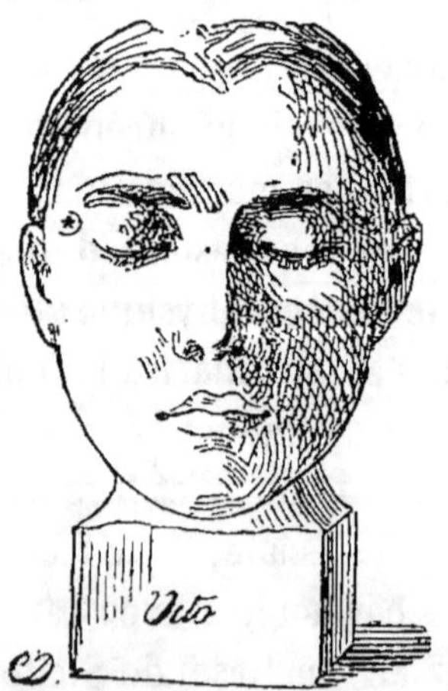

et c'était à l'état de surexcitation, dans lequel il entrait
lorsqu'il opérait, qu'il devait d'être égal en résultat à
votre élève. (Il se faisait alors une telle surabondance de

vitalité dans la faculté qui nous occupe et dans celles qui l'avoisinent, que les pulsations anormales de l'artère temporale et l'injection des veines frontales avertissaient qu'il était prudent de cesser les exercices). Cette surexcitation est confirmée par le fait qu'on observe dans certaines inflammations du cerveau, sous certaines hypérémies momentanées, où la force d'une faculté est décuplée au détriment de toutes les autres.

Vito Mangiamèle était doué d'une grande intelligence et d'une certaine aptitude à tous les travaux de l'esprit. Dans sa jeune imagination, on trouvait déjà cette fleur poétique qui s'inspire du pays natal, et ajoute un grand charme à une excentricité aussi sérieuse que l'arithmétique. Henri Mondeux est moins bien disposé à toute étude étrangère : l'incessante force qui le pousse à tout multiplier, soit qu'enfant il accumule et entasse les cailloux

du chemin, ou qu'il compte les feuilles que le vent d'automne précipite à ses pieds ; soit qu'il se complaise, semblable au sphinx, à poser à un passant un problème qu'il résout au grand étonnement et parfois à la terreur de ce dernier; cette force, dis-je, laisse peu de temps à son intelligence pour apprendre le langage des salons qu'il fréquente, et les sciences accessoires sans lesquelles son aptitude singulière deviendrait stérile.

Si vous le livrez à lui-même, il court donc la chance de perdre pour ainsi dire son gagne-pain. Il aura la même destinée que tous les petits prodiges qu'il rappelle : l'écolier de Saint-Pœlten, Colborn, Jedediah Buxton et d'autres dont voici l'histoire en deux mots :

L'écolier de Saint-Pœlten, le premier sujet extraordinaire qui fut présenté à Gall, et sur qui il confirma les remarques qu'il avait faites, d'après d'autres enfants, pour la localisation de l'organe du calcul, dont je vous parlerai tout à l'heure, était le fils d'un forgeron. Il n'avait pas reçu plus d'éducation que ses camarades. Pour tout autre objet, il était à peu près de la même force qu'eux. Il était alors âgé de neuf ans; lorsqu'on lui donnait, par exemple, trois nombres exprimés chacun par dix à douze chiffres, en lui demandant de les additionner, puis de les soustraire deux à deux, de les multiplier et de les diviser chacun par un nombre de trois chiffres; il regardait une seule fois en l'air, puis indiquait le résultat de son calcul mental avant que les auditeurs eussent eu le temps de faire l'opération la plume à la main.

Le jeune Américain Colborn qu'on présenta à l'Institut, et qui étonna par la rapidité de ses opérations.

On lui demandait, par exemple :

D. Que font 1,347, 1,953 et 2,091 ? — R. 5,391.

D. Quels sont les nombres qui, multipliés l'un par l'autre, donnent 1,242 ?

Les solutions suivantes furent données aussi vite que

peut le permettre la parole : 54 par 23, 9 par 138, 27 par 46, 3 par 414, 6 par 207, 2 par 621.

D. Quel est le nombre qui, multiplié par lui-même, produit 1,369 ? — R. 37.

D. Quel est le nombre qui, multiplié par lui-même, donne 2,401 ? — R. 49 ; et 7, multiplié par 343, donne le même nombre.

Quelquefois l'esprit de saillie utilise cette prédominance.

Colborn était prompt à la repartie, et quelquefois mordant. Une dame s'était divertie à lui demander combien font trois zéros multipliés par trois zéros ?

« Précisément ce que vous dites : rien du tout. »

Un petit pâtre, dont le nom m'échappe, et qui fut amené à d'Alembert, avait aussi une étonnante facilité de numération. « Mon enfant, voilà mon âge ; combien ai-je vécu de minutes ? » L'enfant se retira dans un coin de la chambre, cacha son visage dans ses mains, et vint un moment après répondre à d'Alembert, arrivé à peine à la moitié du calcul qu'il avait entrepris la plume à la main. Le philosophe achève son travail ; les deux résultats n'étaient pas d'accord. L'enfant retourne dans son coin, refait son calcul, et revient en assurant qu'il ne s'est pas trompé. D'Alembert vérifiait ses chiffres. « Mais, monsieur, dit.tout à coup l'enfant, avez-vous songé aux années bissextiles ? » D'Alembert les avait oubliées, et le petit.pâtre avait raison. Jadédiah Buxton, qui montre que

quelquefois l'énorme activité d'une faculté absorbe toute l'énergie des autres, fut un jour mené à une représentation du célèbre Garrick : on l'interrogea sur la sensation qu'avait dû produire en lui un spectacle si nouveau. Il répondit en donnant le total des mots prononcés par le célèbre acteur.

Comme tous ces petits phénomènes que je viens de vous citer, organisations incomplètes et inutiles, votre élève aura l'honneur d'être consigné, dans les annales d'une société savante, à côté de toute autre excentricité du même genre, et ce sera tout.

Vous concevez donc qu'il faut lui donner une éducation propre à développer son intelligence. L'université y pourvoira, mais ne la dirigera pas dans le sens de sa faculté prédominante. En faisant déteindre sur l'élève un peu de toutes les connaissances, elle ne créera qu'un homme ordinaire. Il lui faut une éducation spéciale. La science phrénologique peut seule vous donner la solution du problème qui vous intéresse.

Avant de vous dérouler le plan qu'elle suit, laissez-moi vous rapporter un des beaux résultats obtenus sur un sujet qui présente les mêmes aptitudes que Mondeux ; il déterminera votre confiance.

George Bidder, comme tous les enfants qui furent présentés à Gall, manifesta dès sa plus tendre enfance la faculté du calcul. Son père le conduisait de village en village, et de petite ville en petite ville, pour y donner le spectacle d'une si étonnante particularité. L'état de pauvreté de cet homme réduisait G. Bidder au rôle de bohémien de bas étage. C'était dans les méchantes auberges, où logent les gens de la dernière classe, qu'ils prenaient leurs séjours habituels ; aussi, dans ces réunions, dont on peut dire qu'il subissait le frottement par des relations brutales, l'enfant n'avait aucune occasion de développer son intelligence ; il ne pouvait qu'augmenter ses mauvais penchants.

M. Deville, phrénologiste anglais, fut appelé à connaître cet enfant. Dans l'intérêt de la science, il suivit le développement de son intelligence à laquelle on faisait l'application du système phrénologique, en prenant soin de mouler la tête de l'élève aux diverses époques de sa vie. — Les dessins que nous donnons sont les images fidèles de ces différentes empreintes moulées sur nature.

Cette éducation, sur laquelle je reviendrai en prenant

mes conclusions, réussit de telle sorte, qu'immédiatement après sa quatrième, George embrassa la profession d'ingénieur civil, qu'il poursuivit jusqu'à ce que son talent lui permît de surveiller une des portions difficiles du chemin de fer de Birmingham.

Mais jetez les yeux sur ces bustes, vous y verrez d'abord une preuve du développement des organes soumis à une sorte de gymnastique intellectuelle, ensuite quels sont les organes que le phrénologiste a exercés. Il ne vous restera qu'à en tirer les déductions pour établir votre règle de conduite vis-à-vis du jeune Mondeux.

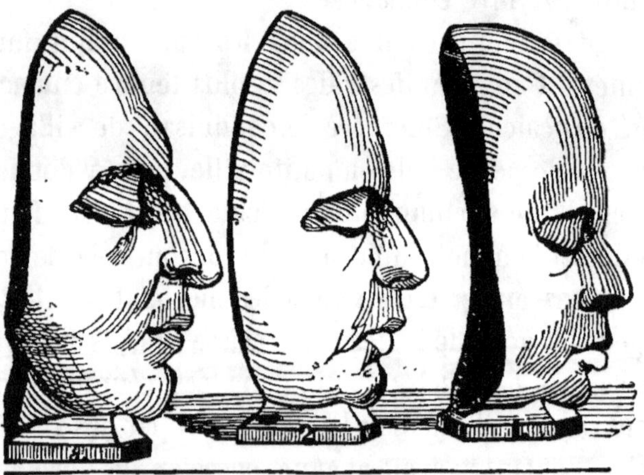

Le buste n° 1 fut moulé à l'âge de huit ans.

On y trouve le front presque droit. La partie antérieure des sentiments moraux, les facultés réflectives, les organes de la constructivité, de l'idéalité, de l'éventualité et du calcul, sont tous très développés. Quant aux autres facultés perceptives et intellectuelles, elles le sont modérément.

Si l'on regarde le buste n° 2, qu'on moula quand il eut atteint l'âge de treize ans, on trouve une dépression dans les facultés réflectives. Les sentiments moraux et l'idéalité,

les facultés perceptives inférieures sont un peu plus développées.

En examinant le n° 3, qui fut moulé à l'âge de seize
ans, on remarque une dépression plus grande dans les
facultés réflectives ; les sentiments moraux ont reculé
presque d'un pouce en huit ans, période écoulée entre le
moulage du n° 1 et du n° 3, et pendant laquelle les facultés
perceptives ont pris du développement. Ces changements
de forme de la tête sont le résultat de l'altération du
crâne par l'action du cerveau ; ils s'expliquent par les
occupations de George, et par les habitudes contractées
dans la société qu'il fréquentait. Nous savons déjà que,
pauvres, son père et lui logeaient dans les auberges les
plus chétives. Ce qui eut lieu depuis le n° 1, moulé à
Bath, jusqu'au n° 3, qu'on fit à Londres.

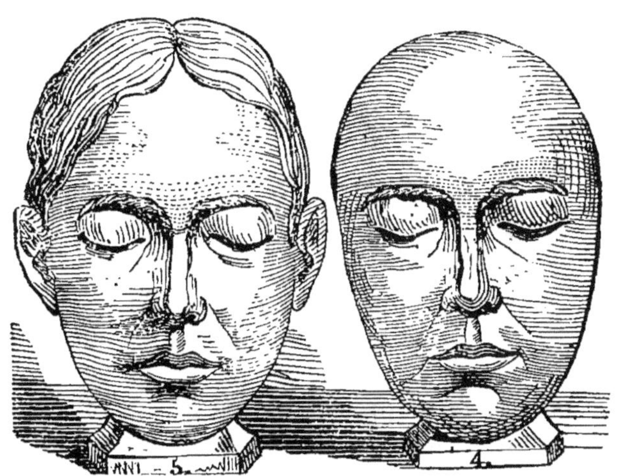

Quand le troisième buste se trouva moulé, plusieurs
personnes d'Édimbourg prirent le jeune phénomène sous
leur protection et le firent placer dans une école supérieure. Depuis lors, il reçut une éducation morale, et vécut dans une société où il pouvait chaque jour rencontrer

l'application des bons préceptes qui lui étaient enseignés.

A dix-huit-ans, il se rendit à Londres dans l'intention de devenir ingénieur militaire ; c'est alors que l'empreinte n° 5 fut prise. Si on la compare au n° 4, qui est le n° 3 vu de face, on voit qu'il y a une grande augmentation dans les facultés réflectives et dans les sentiments moraux. La forme du crâne, répondant au travail du cerveau pendant ces trois années d'éducation, prouve l'effet du précepte moral combiné avec l'éducation intellectuelle. Il fut, dit-on, très peu de temps ingénieur militaire, et devint ensuite ingénieur civil. Quand il eut passé environ deux

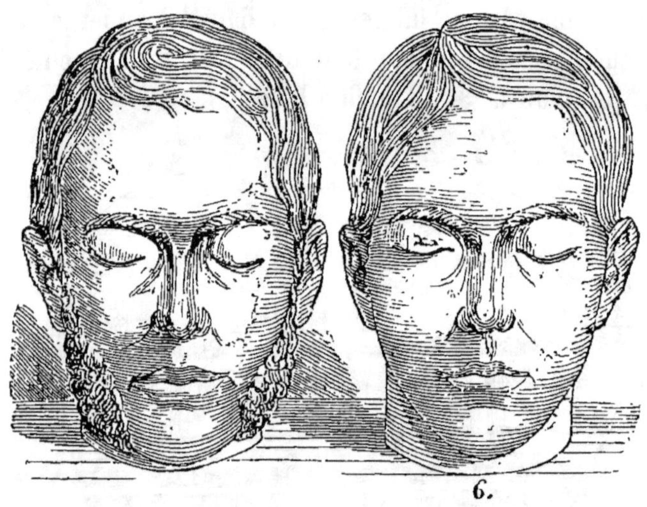

6.

ans dans cette nouvelle profession, on prit une autre empreinte, le n° 6. Si nous la comparons avec le n° 5, nous remarquons que le front a encore plus de développement.

Bidder suivit pendant à peu près neuf années sa nouvelle carrière d'ingénieur civil, et passa presque tout ce temps au milieu des hommes les plus remarquables de cette profession.

Alors on moula le buste n° 7, qui montre le développement subi par les facultés morales et intellectuelles. Pour rendre ce fait plus distinct, nous avons donné un double trait n° 8. La ligne *bbbb* est prise sur le n° 4, moulé à dix-neuf ans, et la ligne *aaaa* est prise sur le n° 8, qui

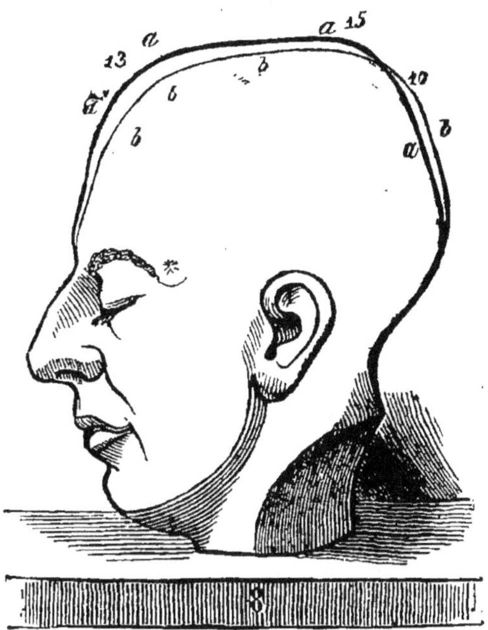

fut moulé environ neuf ans après, laps de temps qu'il passa dans un monde tout différent de celui où s'écoula sa première jeunesse. Le changement subi dans la conformation est donc tout en rapport avec la conduite qu'il a suivie.

Le retrait que présente la tête, dans la partie supérieure et postérieure (10 et 11), établit que ces changements ne tiennent pas au développement normal, mais que la direction spéciale, l'éducation enfin, en a été la cause. Nous pouvons appuyer cette assertion d'une observation plus concluante encore. Tout le monde phrénologique sait maintenant que chez M. Broussais, l'organe de la causalité augmenta de développement à soixante ans,

comme après sa mort on a pu le constater par l'amincis-
sement des os du front dans cette région. Cet effet fut
produit par l'énorme travail auquel le célèbre docteur dut
se livrer après son admission à la classe des sciences morales et politiques de l'Institut.

Actuellement, vous avez sous les yeux tous les exemples
recueillis par la science. Vous voyez ce que deviennent
certains hommes livrés à eux-mêmes ; vous savez quel résultat la science obtient ; je vous ai dit sa méthode ; si
vous l'acceptez, je vais, permettez-moi de parler ainsi,
vous donner mon ordonnance.

Avant de le faire cependant, je veux vous montrer la
disposition sur le crâne de l'organe du calcul ainsi que les
facultés qu'il faut développer, afin que vous vous trouviez
à même de faire une juste et clairvoyante application du
système.

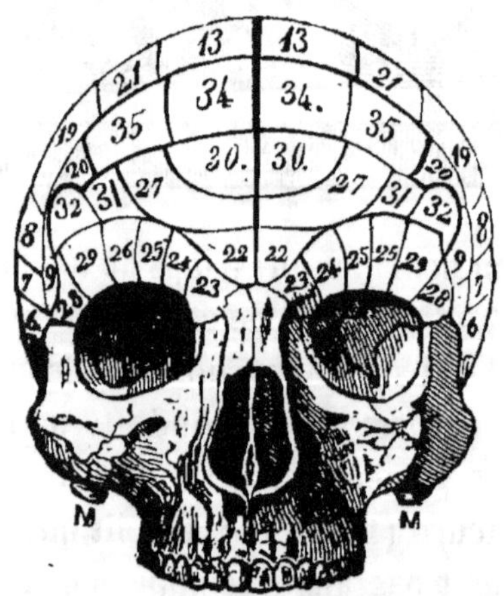

Cette faculté est placée à l'angle externe de l'arcade
sourcilière ; il en résulte ou l'abaissement de l'extrémité
extérieure du sourcil, ou la saillie en avant de cette extrémité. Elle est indiquée sur ce crâne par le nº 28.

Dans le cerveau, cet organe a son siége à la partie externe de la base du lobe antérieur ; la circonvolution qui le constitue se trouve désignée dans cette figure par les mêmes chiffres 28.

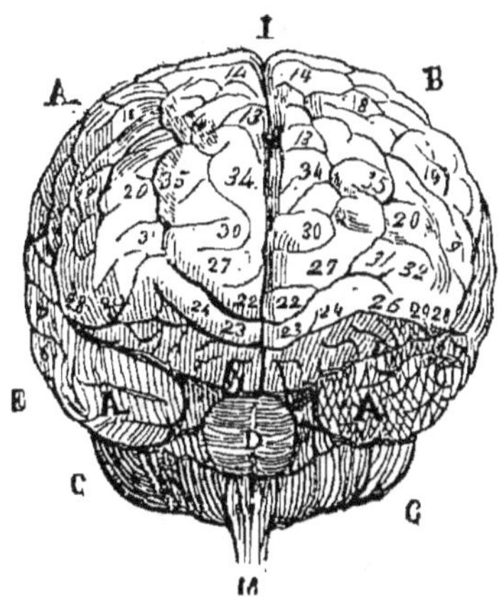

L'impulsion primitive de cette faculté est la distinction des nombres, le pouvoir de les multiplier à l'infini, de les combiner de mille manières. Elle peut exister à un point très élevé sans que les autres facultés aient rien de remarquable. Gall l'observa d'abord sur des enfants. Leur aptitude pour calculer et pour résoudre des problèmes de pure arithmétique était si grande qu'ils étonnaient tout le monde. Leur demandait-on des raisonnements indépendants du calcul, ils ne raisonnaient plus que comme des enfants. Gall observa chez eux un développement de la partie latérale et inférieure du front.

Aussi, pour rentrer dans la question qui nous occupe, on a pensé à tort que le don du calcul, c'est-à-dire de grouper des nombres, de diviser l'espace en unités, était celui des mathématiques. Les mathématiques demandent un grand concours de facultés ; elles empruntent aux facultés réflectives la logique, aux facultés perceptives (ou qui mettent en rapport avec le monde extérieur) l'étendue, l'ordre, la résistance, la forme, la durée, l'intensité du son, la division du temps.

Lorsque l'organe de l'étendue domine, comme on l'observe chez Monge, vous voyez naître la géométrie.

L'astronomie exige de plus celui des localités. La Place en est un exemple.

Le grand développement du front que présentent ces

portraits prouve, au reste, que pour ces hautes sphères des mathématiques, dans lesquelles le calcul reste à la partie inférieure, comme purement matériel, il faut non-seulement le concours des facultés perceptives, mais encore un large développement des organes où siégent les pouvoirs les plus élevés de l'intelligence ; ce sont en effet ces organisations privilégiées seules qui fournissent les mathématiciens et les astronomes célèbres, ou les génies supérieurs, tels que Descartes, Pascal, Leibnitz, etc.

Maintenant, j'arrive à la conclusion. Vous sentez qu'il est plusieurs branches de la science dont la numération fait partie, et dans lesquelles votre élève peut également espérer de réussir. Mais, comme pour chacune la science présente une différence, non pas dans la marche à suivre, mais dans les organes auxiliaires à développer, il faut interroger d'abord l'organisation de l'enfant, afin de s'assurer de la vocation, puis tenir compte de la position sociale des parents, pour indiquer le degré de culture à donner à l'intelligence, et spécialiser ainsi la direction. Bien des professions empruntent aux mathématiques; depuis le caissier, l'arpenteur, l'architecte, etc., jusqu'à l'ingénieur militaire, le physicien et l'astronome. La peinture ne donne-t-elle pas à la société le coloriste, le dessinateur des fabriques, le peintre en décors et les grands maîtres? Il en résulte que la vocation pour recevoir une direction moins haute n'est point à cause de cela faussée, que bien au contraire cette direction plus humble procure à quelques ambitions présomptueuses un présent et un avenir assuré. Quant aux véritables talents, elle ne doit point être un obstacle à leur développement. Un de nos plus célèbres paysagistes, en regardant certaines enseignes, doit se souvenir de son échelle et de son bonnet de papier.

Mais d'abord il convient de reconnaître si dans toutes

les facultés auxiliaires il en existe d'assez fortes pour permettre une direction spéciale. D'après l'examen cranioscopique de la tête de Mondeux, nous trouvons la constructivité, l'étendue, la configuration, etc. Mondeux, soumis à une sage direction, nous semble donc propre à reproduire l'exemple de G. Bidder, mais à une condition exclusive, ce sera de reporter toute l'activité cérébrale sur les facultés auxiliaires que nous venons de noter, au lieu de la laisser absorber par la force incessante qui le pousse à tout multiplier.

Ainsi se termina notre conversation; le précepteur partit avec son élève, et depuis lors, je n'en ai point entendu parler. Aura-t-on suivi mes conseils? Dieu le veuille dans l'intérêt de la société et plus encore de l'enfant. La science en profitera, et je crains fort pour Mondeux qu'elle n'ait à enregistrer qu'un fait.

Si nous voulions une preuve de la valeur de la science pour la spécification qu'elle peut donner à cette partie de l'éducation spéciale et complémentaire qu'on appelle instruction professionnelle, et dont le choix éclairé importe autant à la société qu'à l'individu, nous la puiserions dans les ouvrages du plus haut mérite. Dans un livre sur *l'instruction publique en France*, que nous voudrions voir dans les mains de tous les pères de famille, après s'être élevé aux considérations les plus graves sur les conditions de classe et de fortune qu'exigent les diverses professions auxquelles la jeunesse peut se destiner, M. Em. de Girardin cherche à spécifier les éléments qui doivent faire pressentir la vocation. Sans la phrénologie, l'illustre publiciste ne pouvait le faire que d'une manière vague et indéterminée. Ainsi à l'article BEAUX-ARTS, *peintres, architectes, sculpteurs, musiciens*, l'auteur assigne à toutes ces vocations une aptitude commune:

passions vives et *énergiques*, *imagination riche*, *fa-*
culté d'enthousiasme, *culte du beau*. (Si pour les autres professions M. de Girardin avait donné des spécifica-
tions psychologiques plus certaines, nous eussions pensé
que pour les cas présents, ce publiciste se fiait à son épi-
graphe : *L'artiste destiné à se faire un grand renom se
forme lui-même*, mais la même indétermination se fait
remarquer partout.) Cependant la peinture, la sculpture,
la musique exigent chacune une direction spéciale, puisqu'elles reposent sur une organisation particulière ; la
phrénologie, étant seule apte à les reconnaître, est donc le
guide le plus sûr pour arriver à distinguer nettement les
vocations.

Dans les notes suivantes nous allons chercher à tracer
rapidement quelles sont les facultés fondamentales qui
entrent dans les talents divers dont les manifestations si-
multanées donnent à l'homme une position spéciale dans
la société.

Poésie.

Comme faculté fondamentale, l'idéalité (19) qui donne
cette tendance toute particulière de l'esprit à vivifier
toutes choses, à nous les faire envisager d'une certaine
manière ; chaleur d'imagination (sentiment du beau) ;
puis le langage (33) ; l'imitation (21) prête à ce dernier
la puissance de peindre par des mots (poésie imitative) ;
la mélodie (32) donne de la délicatesse à l'oreille et fait
s'exprimer par des paroles harmonieuses. La merveillosité (18) donne le goût des choses surnaturelles, les
évocations. La comparaison (34) fournit les métaphores,
les allégories, les apologues. L'éventualité, la mémoire des
événements (30), les faits historiques. L'estime de soi (10)
et l'esprit caustique (20) produisent l'épigramme et la
satire.

Théâtre.

Le talent d'imitation, la mimique (21) qui donne le pouvoir de traduire avec justesse les sentiments et les idées par les gestes, puis les autres organes viennent spécialiser le talent : l'esprit de gaîté et de saillie (20) forme le bouffon ; l'estime de soi (10), la dignité : les tyrans et les reines ; l'approbativité (11), la coquetterie : les soubrettes, etc.

Si un acteur réussit dans plusieurs genres à la fois, c'est à l'étude plutôt qu'à son organisation qu'il le doit ; il lui faut alors une dose plus grande d'intelligence, puis la circonspection (12), et la ruse (7) qui le font se tenir en garde contre ses propres émotions et le laissent tout entier aux mouvements que son talent lui fait prêter aux idées du poëte. Il devient artiste alors, car il crée ; il donne à la pensée du poëte un corps qui se meut et qui sent.

Musique.

L'organe des tons (32) donne naissance au sentiment de la mélodie et de l'harmonie ; l'organe du temps (31) fournit la mesure et la cadence ; la constructivité donne l'adresse des mains pour l'exécution.

L'imitation, ou la mimique (11), suggère la déclamation lyrique.

Pour le compositeur, l'idéalité et le merveilleux, qui créent, le calcul qui combine, l'ordre qui arrange, se présentent d'abord d'une manière générale. Puis les autres organes impriment le caractère. La vénération détermine les compositions religieuses ; l'esprit de gaîté crée le genre léger. La combativité et l'esprit d'indépendance inspirent les chants guerriers et patriotiques. Lorsque les facultés réflectives dominent, vous avez la critique musicale.

Peinture.

Les organes fondamentaux sont d'abord le coloris (26),

et la configuration (23) qui produit le dessin, puis l'imitation (21) et l'adresse des mains, ou la constructivité (9). Viennent ensuite d'une manière générale l'idéalité (19), l'amour du merveilleux (18) et la fermeté (15).

Maintenant, si à ce groupe de facultés vient se joindre l'esprit caustique (20), vous aurez les peintres satiriques Hogarth, Biard, Grandville. L'éventualité ou mémoire des faits (30) déterminera les peintres d'histoire ; et si le courage domine, les batailles seront les éléments historiques que l'artiste représentera de préférence. L'organe des localités (27) forme les peintres de paysage; celui de la vénération (14) inspire les sujets religieux.

Sculpture.

En première ligne se placent l'adresse des mains, la constructivité (9) ; le sens de la forme (23) ; la faculté d'imitation ou la mimique (21), qui donne par intuition la vérité des mouvements et des attitudes, puis le sentiment du beau, l'idéalité (19), etc.

Nous ne pousserons pas plus loin cette esquisse des conditions phrénologiques qui constituent quelques-uns des divers talents, ce que nous avons dit suffira pour montrer combien il importe de connaître les différents éléments qui entrent dans leur production.

Sans nous éblouir sur la valeur des théories des sciences ainsi que des arts, nous pensons cependant que, du moment où elles reposeront sur des bases fournies par la nature elle-même, les hommes de génie eux-mêmes y gagneront; ils n'auront plus à effacer ce qu'on leur aura appris avant de recommencer une nouvelle éducation, pour se former eux-mêmes; l'inintelligence du premier enseignement, tient à ce qu'on ne sait pas distinguer nettement les vocations et spécialiser d'assez bonne heure l'instruction.

Ainsi la science, en fournissant à l'éducation première de l'enfance l'époque de la mise en activité de chacune des facultés, empêchera de les détruire par une culture prématurée, ou de laisser leur développement s'accomplir sans surveillance ; elle fournit de plus des données précieuses à l'éducation complémentaire qu'on nomme professionnelle, en spécifiant la série de facultés qui concourent à produire les divers talents, le degré que chacune des facultés occupe dans l'ordre ascensionnel de l'aptitude, et par conséquent celles sur lesquelles la culture doit porter spécialement.

La phrénologie, en outre, comme on vient de le voir, tout en tendant à mettre en valeur les vocations innées, tient néanmoins compte de la position sociale du sujet ; son système se plie aux exigences de fortune et aux conditions de la société, sans pour cela comprimer les élans de la véritable vocation. Cette science, qui vient au-devant des objections en répondant à toutes les nécessités, est donc essentiellement pratique, et, comme telle, doit être consultée comme première indication dans l'éducation à donner aux différents membres de chacune des classes de la société.

CHAPITRE VII.

APPLICATION AUX BEAUX-ARTS.

Le but que l'artiste se propose dans son œuvre, soit qu'il l'imprime sur la toile ou la fasse jaillir du marbre, est de traduire à l'aide des formes extérieures, non-seulement le caractère du personnage qu'il veut rendre, mais encore le sentiment que ce personnage éprouve au moment même où il le représente.

Bien que confondûes ensemble pour un même but, ces formes (qui deviennent alors des signes) peuvent être rapportées à deux chefs principaux : les unes sont données par le contour de l'organisation et la conformation des parties ; ce sont les indications caractéristiques de la destination que l'être est appelé à remplir. On les nomme *physiognomoniques* (de φυσις et γνομων, règle, indication, de la nature). Aussi, d'après cette étymologie qui sert de définition, on peut les étendre à tous les êtres animés, car les dispositions des animaux se montrent également par leur physionomie. La vitesse ne se décèle-t-elle pas dans la configuration de la biche, l'indolence dans celle de l'ours, etc., aussi bien que la configuration musculaire, les formes athlétiques d'Hercule représentent la force?

Les autres signes sont appelés *pathognomoniques*; tels sont les mouvements des yeux, les contractions des traits, le geste, l'attitude du corps, etc. ; ils constituent ce qu'on appelle le langage naturel ; chaque affection intérieure a son langage extérieur qui se trahit au dehors par des signes constants et naturels : c'est ce langage d'action qui fournit à la peinture, à la sculpture et aux autres arts d'imitation leur puissance, parce qu'il est compris de tous, des gens sans éducation et des enfants ; les animaux eux-mêmes jugent très bien, d'après ce qui frappe leurs sens, la cause cachée qui la produit.

Ici, nous pourrions déduire immédiatement l'utilité de ces deux connaissances pour ceux qui se livrent aux beaux-arts ; puis, en rappelant ce que nous avons dit précédemment du rapport existant entre le caractère d'un individu et la conformation de son cerveau, en nous appuyant encore sur l'intuition instinctive que les anciens, qui sont restés nos maîtres, avaient de la science, nous ajouterions que la phrénologie, réunie à la physiognomonie et à la pathognomonie, doit nécessairement compléter l'étude théorique de l'art. Mais avant de rien établir en principe, il nous semble qu'il ne serait pas inutile d'expliquer les différents systèmes appliqués à ces sciences, de tâcher d'en faire ressortir la véritable valeur dans une discussion où nécessairement entreront des définitions et des aperçus propres à initier le lecteur à ces connaissances, ou plutôt à lui inspirer le désir de les approfondir ; car, on ne doit pas l'oublier, notre but est ici de donner seulement une esquisse.

Commençons donc par la physiognomonie.

Nous ne voulons pas nier qu'il n'y ait une certaine relation entre telle ou telle conformation des parties saillantes du visage et le caractère d'un individu. Mais il a été avancé par les disciples de Lavater, et par Lavater lui-même, bien des choses qu'on pourrait qualifier d'absurdités.

Il est évident que l'habitude de l'application continuelle d'une faculté ou d'une passion peut se traduire sur le visage d'un individu. Cependant, vouloir inférer de la forme d'un nez ou d'un menton un caractère particulier et certain n'est pas une chose admissible.

L'habitude qu'on a d'exercer un penchant ou une faculté, nous le répétons, donne aux muscles de la face où ils viennent se refléter, un développement spécial ; mais vouloir y lire un caractère fatal est une chose impossible, car ce n'est point de la forme du nez ou du menton que dépendent aucune des manifestations morales d'un individu. Nous pourrons déclarer qu'un homme qui aura des bras musculeux se livre à de rudes travaux ; mais vouloir spécifier son état, boulanger plutôt que portefaix ou forgeron, etc., ou dire que cet homme a été créé pour cette profession, n'est pas plus raisonnable que de voir un signe de noblesse de race et d'aptitude au commandement militaire dans l'expression des yeux d'un personnage.

Les investigations physiognomoniques du pasteur de Zurich lui ont valu une grande réputation ; les anecdotes rapportées par ses biographes, en témoignant de sa merveilleuse facilité à deviner le caractère d'un individu à la première inspection des traits, n'ont pas peu contribué à l'augmenter. Cependant Lavater n'a jamais élevé la physiognomonie à l'état de science, jamais il ne l'a résumée en formules ; il n'est même point parvenu à exposer les bases de son système. En effet, presque jamais il ne spécifie la forme particulière du trait sur lequel il fonde son jugement ; et si l'on veut une preuve du vague de son langage, voici deux exemples pris au hasard dans son septième fragment sur la physiognomonie intellectuelle.

Ce sont deux portraits ; l'un est celui de Vésale, médecin célèbre par ses découvertes anatomiques, l'autre celui de Descartes.

« Ce portrait de Vésale, dit Lavater, mérite l'attention du physionomiste intelligent, le nez à lui seul indique un jugement sain et solide ; en d'autres termes, il est inséparable d'un sens droit. »

Le portrait de Descartes, selon Lavater, annonce « un de ces génies extraordinaires, qui doivent tout à eux-mêmes, qui, constamment au premier rang, s'y maintiennent par leurs propres forces, surmontent les obstacles et ouvrent à la science des routes inconnues. » Quoi de plus vague et de plus indéterminé que le jugement porté sur ce philosophe. Quelle différence de netteté et de précision, si ce caractère était tracé par la phrénologie. Cette dernière vous montrerait sur ce front si large dans la région des sourcils, l'*individualité* qui donna à Descartes cette merveilleuse facilité pour connaître les objets extérieurs ; la *configuration*, l'*étendue*, la *pesanteur*, le *colo-*

ris, l'*ordre*, la *numération* et l'*organe du langage*, facultés dont les manifestations combinées ont été si grandes chez le philosophe, qui fut, nous disent ses biographes, un homme fort régulier dans l'administration de son intérieur, et nous ont valu l'application de l'algèbre à la géométrie, l'application des mathématiques à la dioptrique, le traité de mécanique, et le beau style qu'il a imprimé à la langue française. L'organe de la *localité* qu'elle remarque est bien justifié par la vie nomade qu'il mena depuis 1619 jusqu'au jour de sa mort, qui arriva en Suède. Il n'est pas jusqu'à sa méthode de philosopher qu'elle n'explique. Descartes voulant tout examiner, commence par douter de tout, de l'existence de Dieu, de celle du monde, etc.; mais cependant il s'arrête à sa pensée dont il ne peut douter qu'en prouvant, par cela seul, qu'il croit à quelque chose, au doute de sa pensée, à sa pensée elle-même; alors il s'écrie : *Cogito, ergò sum.*

Or, cet axiome, comme l'a très bien fait remarquer un savant phrénologiste, M. Imbert, n'appartient ni à la comparaison, ni à la causalité, facultés éminentes des philosophes ; c'est un simple résultat de l'éventualité, de cette faculté qui perçoit toutes les actions qui sont en nous ; et, soit dit en passant, cette remarque justifie ce jugement reproché à Spurzheim : « Que Descartes n'était pas aussi grand penseur qu'on le croyait. »

Signes physiognomoniques fournis par la configuration du crâne.

Ce que nous avons dit de la science phrénologique, en prouvant que la forme de la tête n'est pas indifférente pour la manifestation de telles ou telles dispositions, montre par conséquent qu'elle constitue un système physiognomonique. Or, les signes fournis par les différentes parties du corps n'étant que les manifestations physiques des instincts ou des facultés les plus prononcés de notre individu ; ces facultés ayant leur siége dans l'organisation cérébrale, et n'acquérant de puissance qu'en raison de leur développement, et ce développement se traduisant toujours d'une manière certaine et facile à évaluer sur le crâne, à l'aide de la comparaison par des saillies plus ou

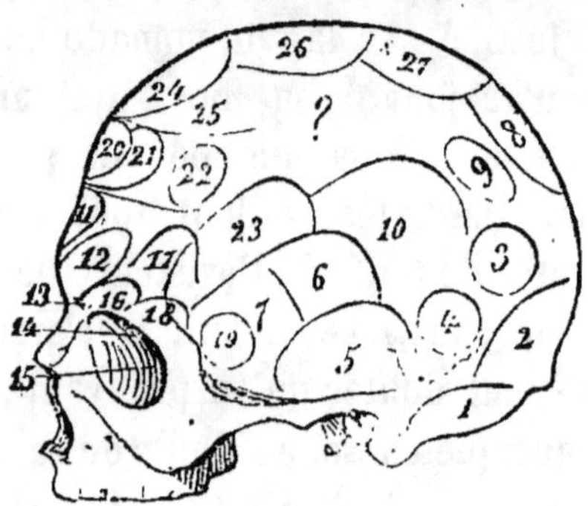

moins étendues, il s'ensuit que la cranioscopie, comme système physiognomonique, est l'étude la plus importante et la plus nécessaire aux artistes. En effet, si le personnage doit être représenté dans le repos, où que la scène exige de sa part la dissimulation, où trouveront-ils, dans le système de Lavater, la forme qui traduira le caractére de ce personnage? Le crâne, quel que soit l'état normal du sujet, ne voit jamais sa forme se modifier; c'est donc à la phrénologie qu'ils doivent avoir recours pour résoudre ce problème.

Les artistes anciens ne connaissaient pas cette relation qui existe entre le développement des parties cérébrales et la manifestation des divers sentiments, et partant, ils ne se doutaient point de la valeur des formes crâniennes. Cependant, les bustes qu'ils nous ont légué de leurs grands hommes sont tels, que les phrénologistes les offrent sou-

vent comme types des conformations particulières au caractère que l'histoire nous en a conservé. Ainsi, comparez les bustes de Néron et Caracalla, avec ceux de Zénon
et de Sénèque ; l'histoire vous a tracé, d'une manière
irrécusable, le caractère sanguinaire des deux empereurs
et vous a laissé mille preuves de la nature morale des
deux philosophes. Examinez la configuration de leur tête,
vous trouverez chez les premiers un front bas, étroit, des
parties latérales énormément développées, tandis que la
partie supérieure de la tête, où siégent les sentiments
moraux, est tout-à-fait déprimée, surtout en avant, où se
trouve l'organe de la bienveillance. La tête des deux philosophes présente une organisation diamétralement op-
posée : tandis que les parties latérales sont peu pronon-
cées, le front est largement développé, surtout dans sa
partie supérieure, et la saillie des organes des sentiments
donne, au sommet de la tête, une forme tout-à-fait caractéristique des organisations morales et intellectuelles. Et
ce n'est pas à dire cependant que leurs œuvres soient
toujours irréprochables, car si nos connaissances nous
permettent de constater les grandes difficultés d'expression qu'ils ont vaincues dans le Laoocon, le Gladiateur
mourant, etc., par leur étude approfondie de l'anatomie
superficielle, elles nous montrent aussi que chez la Vénus,
la forme de la tête n'est pas aussi vraie que celle du corps
que l'on offre, avec juste raison, comme type du beau,
car les proportions de la conformation cérébrale en sont
telles, qu'une femme, ainsi organisée, serait idiote. Du
reste, c'est peut-être la seule exception qu'on puisse citer
(encore appartient-elle à une œuvre de création). Les
têtes de leurs dieux, par le développement des organes
de l'intelligence, prouvent que l'observation leur avait
fait deviner la science. Dans toutes les têtes de Jupiter

on retrouve le même type ; un grand développement du

front, surtout dans la partie supérieure, siége des facultés les plus hautes de l'intelligence.

Signes physiognomoniques fournis par la configuration du corps et de la face.

Maintenant, si l'on nous pose cette question : Existe-t-il des signes physiognomoniques? Quoi qu'en ait dit un grand homme, dans le Mémorial qu'il écrivit dans son exil : « La nature ne se trahit pas par des formes extérieures, elle cache et ne livre pas ses secrets, » nous répondrons affirmativement. L'habitude que nous avons dans le cercle ordinaire de la vie, de juger sur la physionomie les individus avec lesquels nous sommes en rapport pour la première fois, témoigne du sentiment instinctif que nous avons de la relation existant entre le principe qui nous anime et l'expression des traits de la face : aussi, y a-t-il longtemps qu'on a proclamé, pour la première fois, que le visage est le miroir de l'âme. Ne voit-on pas à chaque instant cette partie du corps se modifier suivant l'affection qui nous domine?

C'est ce qui a fait dire à de La Chambre :

« Celui-là n'avait pas raison qui se plaignait autrefois de ce que la nature n'avait pas mis une fenêtre au-devant du cœur, pour voir les pensées et les desseins des hommes, car la nature y a pourvu par des moyens plus certains que n'eût été cette étrange ouverture que Momus s'était imaginé. Elle a répandu toute l'âme de l'homme au dehors, et il n'est pas besoin de fenêtre pour voir ses mouvements, ses inclinations et ses habitudes, puisqu'ils paraissent sur le visage et qu'ils y sont écrits en caractères si visibles et si manifestes. »

Mais, cependant, si nous observons notre méthode de procéder, nous voyons que ce n'est pas d'après la forme des yeux, du nez ou de la bouche des personnes avec lesquelles nous sommes en rapport pour la première fois que nous déduisons nos jugements; le geste, le regard, le parler, les habitudes du corps, la démarche, qui traduisent éloquemment les passions nobles et trahissent les penchants vicieux, sont nos seuls guides, les seuls éléments de notre examen.

Ce n'est pas à dire que nous voulions nier les signes physiognomoniques autres que ceux fournis par le crâne : si l'on veut se rappeler les premières lignes de ce chapitre et les preuves de la destination différente de l'homme et de la femme que nous avons signalées dans notre chapitre V, on verra le contraire. Nous avons montré, en effet, que la différence ne portait pas seulement sur l'orga-

11.

ñisation cérébrale, mais que la nature l'avait étendue à toutes les parties du corps et que ces formes diverses constituaient les signes particuliers propres à chacun des sexes.

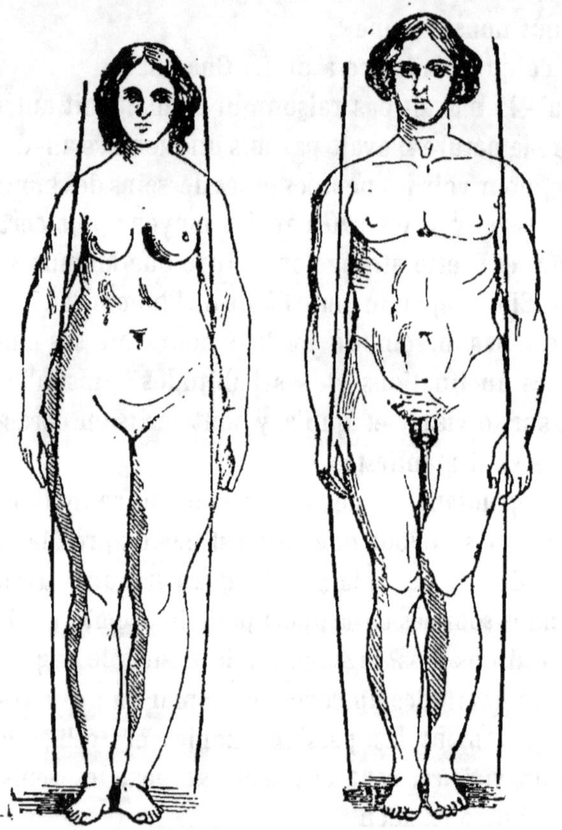

Autour du type général des formes extérieures de l'*homme*, dont les artistes prennent l'*Antinoüs* comme exemple, viennent se grouper des types secondaires : type athlétique, Hercule ; type guerrier, Mars, etc.

C'est même, pour le dire en passant, de cette harmonie entre la forme et le but que découle naturellement la loi du beau. La beauté n'est pas une chose absolue; le beau est relatif, et il n'est pas besoin, pour le comprendre, de citer cette phrase que Voltaire a jetée quelque part : « Demandez au crapaud ce qu'il trouve de plus beau sur terre, il vous répondra que c'est sa crapaude. »

Le type de beauté a dû nécessairement varier suivant les idées dominantes du siècle. Le genre de beauté estimé à Sparte guerrière ne pouvait être prisé à une époque religieuse. C'est encore une observation qui n'a pas échappé aux artistes instruits qui ont spécifié ces formes et les ont dénommées : *type païen, type chrétien, etc.*

Nous reconnaissons donc, outre les signes physiognomoniques fournis par la conformation de la tête, les signes physiognomoniques donnés par les autres parties du corps; mais vouloir admettre avec Lavater qu'il est indifférent de prendre pour base de son jugement les cheveux, le front, le nez, la main ou le pied, est une assertion à laquelle nous dénions tout fondement.

« Il est évident, dit Lavater, que la vie intellectuelle, les facultés de l'entendement et de l'esprit humain, se manifestent surtout dans la conformation et la situation des os de la tête et principalement du front, quoique aux yeux d'un observateur attentif elles soient sensibles dans tous les points du corps humain, à cause de son harmonie et de son homogénéité. » Aussi, tantôt Lavater voit dans des cheveux lisses l'indice de la tristesse, la finesse de l'esprit dans la forme du menton, l'indice de la pénétration pour les choses obscures dans la conformation du nez.

La face, dont les muscles se trouvent dans un rapport plus immédiat que ceux des autres parties du corps avec le cerveau, la face qui, par le grand nombre des sens qu'elle renferme, doit être considérée comme la plus importante des parties d'expression, ne peut être prise isolément; le geste, l'attitude ainsi qu'on va le voir, fournit tout aussi scrupuleusement le trait principal du caractère. L'expression particulière que présente la face dérive même de la mimique générale.

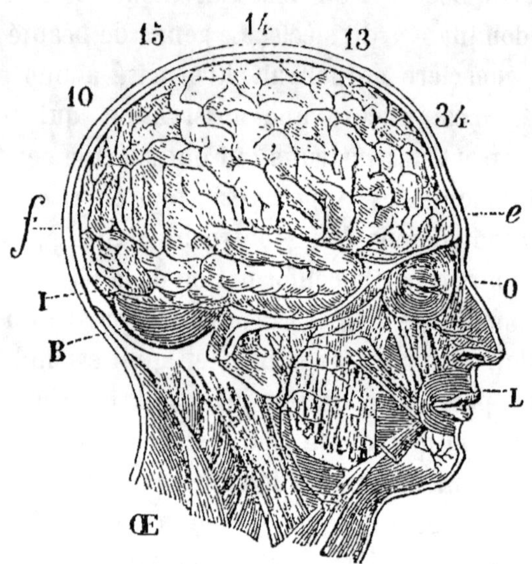

On doit donc, pour l'étude de la *physiognomonie* (l'art de connaître le caractère moral et intellectuel de l'homme par la seule conformation des parties extérieures, mais sans que *ces parties soient en action*), commencer par observer ces parties en mouvement, c'est-à-dire l'étude de la *pathognomonie.*

C'est cette observation générale qui a conduit Lebrun a publier, sous le titre de *Caractère des passions*, un livre d'esquisses. Bien que ces études soient fort incomplètes, car l'objet qui détermine le sentiment n'y est point exprimé, et l'on sait que l'effet d'un sentiment varie selon l'objet qui l'excite et selon l'organisation de

celui chez qui il est excité ; et bien encore que ces esquisses soient pour la plupart exagérées, elles n'en sont
pas moins nécessaires aux jeunes artistes.

Le peintre leur montre d'abord la face à l'état de
calme, de tranquillité parfaite. C'est en effet là le point
de départ auquel l'artiste doit rapporter les différentes
expressions des divers sentiments à l'aide desquels il peut
spécifier les traits caractéristiques de toutes les passions.

Il place à côté la même figure sous l'influence d'une
extrême douleur corporelle. Quel contraste ! tandis que
tout est calme dans l'une, dans l'autre le front se ride,

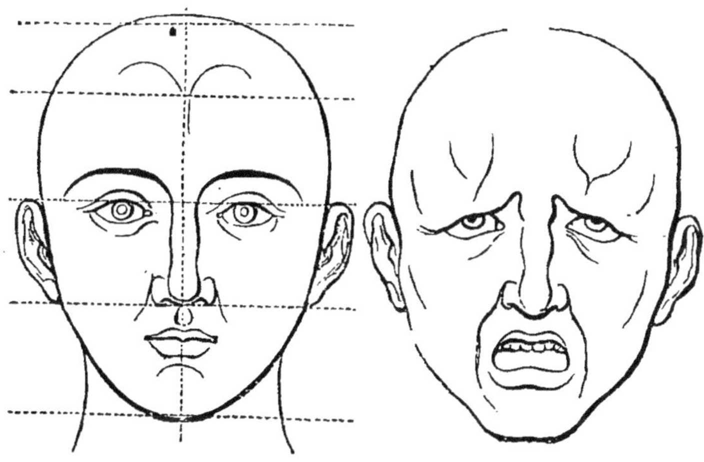

les sourcils s'abaissent au point de cacher toute la paupière supérieure et ne laissent voir que la moitié de la
prunelle. Un profond sillon part des deux ailes du nez et
entoure la bouche qui s'ouvre pour laisser échapper les
cris arrachés par la douleur.

Plus loin, il met sous les yeux des élèves deux degrés

différents d'un même sentiment, la crainte et la terreur.

Aussi trouvera-t-on de nombreux points de ressemblance dans ces deux expressions. Seulement dans la terreur tous les caractères de la crainte sont exagérés : ainsi

l'élévation des sourcils atteint toute sa hauteur, et l'œil s'agrandit de façon à laisser à découvert un large cercle blanc ; la bouche s'ouvre dans ce cas démesurément, tandis que la crainte ne fait qu'entr'ouvrir les lèvres.

Il en est de même des trois figures qui suivent et sur les-

quelles, sans que nous les expliquions, on saura lire le sourire, la joie et l'extase.

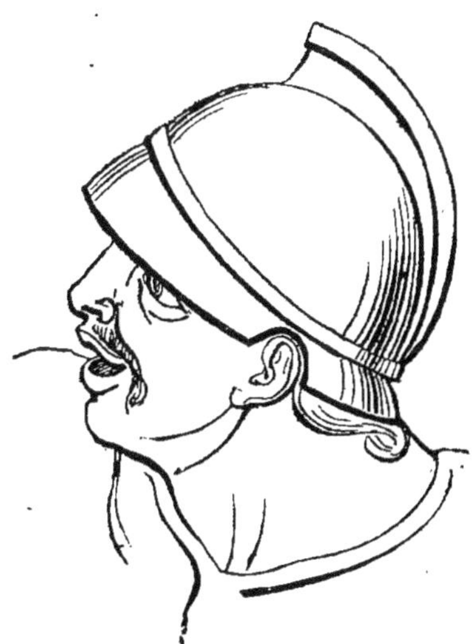

Seulement dans la figure suivante, la direction vers le ciel indique la contemplation d'un tableau fictif, créá.

tion d'un sentiment combiné de vénération et d'espérance. Nous allons revenir tout à l'heure sur cette expression en l'expliquant.

Enfin pour dernier exemple, il leur montre comment

se traduit sur cette tête la compassion. Sentiment qui
n'est autre qu'une des manifestations de la bienveillance.

Au reste, ces études de Lebrun, que Lavater fait dériver de la physiognomonie, se rapportent à l'autre science que nous avons appelée la pathognomonie ; cette science est celle qui interprète les manifestations des signes extérieurs : ce qui engagerait à dire que la première de ces deux sciences n'est que le résultat de l'autre ; les signes secondaires sur lesquels raisonne la physiognomonie n'ayant, d'après nous, aucun caractère fatal, et étant fournis par l'exercice de telle ou telle faculté.

La pathognomonie ne s'occupe pas seulement des traits du visage, elle trouve une application à la mimique générale ; les différentes expressions du visage et la pantomime du corps sont de son ressort.

De même que Lavater s'est occupé spécialement de physiognomonie, Engel s'est livré d'une manière exclusive à l'étude de la mimique, mais avec cette différence que, se bornant à l'observation de la nature, — bien qu'il n'ait pu arriver à découvrir les lois de cette harmonie entre les mouvements et la cause cérébrale qui les détermine, comme les anciens pour la configuration de la tête, — il est toujours resté dans le vrai ; aussi les exemples qu'il a recueillis nous serviront exclusivement comme faits à l'appui de la théorie dont nous allons exposer la base, aux risques de voir reproduire à chaque pas de l'initié le naïf étonnement de M. Jourdain pour la prononciation des voyelles.

Quelle est la véritable origine des gestes ?

C'est une question que se sont posée tous ceux qui ont traité du langage d'action, soit sous le point de vue philosophique, soit sous le point de vue artistique ; ils n'ont pu toutefois la résoudre complétement, ni trouver la cause de la liaison intime et immédiate qui existe entre les fonctions intérieures et les signes extérieurs.

Il y a en nous, dit Engel, un certain je ne sais quoi qui préside au jeu de nos membres et qui règle les gestes convenables à chaque situation de l'âme ; selon qu'un objet nous offre des attraits ou nous fait horreur, selon qu'il nous cause des idées qui nous plaisent ou nous sont désagréables, nous cherchons à nous en rapprocher ou à le repousser, et jamais les mouvements ne manquent d'être convenables et expressifs.

Gall, de son côté, a cherché si son système était capable de répandre quelques lumières sur la cause des phénomènes mimiques. En effet, le cerveau étant la source de tous les sentiments, de toutes les affections et de toutes les passions, leur manifestation doit dépendre uniquement de cet organe et se modifier par lui.

Le cerveau est, de plus, en liaison avec les instruments de tous les sens et avec ceux des mouvements volontaires. Dominant ainsi les sens, les muscles, et par conséquent les extrémités, il met en action chacune des parties, et assigne les mouvements qu'elles doivent faire, la position qu'elles doivent adopter.

En admettant avec Gall et Spurzheim, comme principe fondamental, que les mouvements s'exécutent toujours dans la direction du siége des organes, il n'y aura pas de pantomime que vous ne puissiez ramener à des principes; il ne vous arrivera pas ce qui est arrivé à Engel, qui, faute de connaître la veritable origine des gestes, désigne souvent telle pantomime comme parfaitement d'accord avec la nature, mais sans être en état de ramener à des règles certaines les préceptes qu'il expose.

Nous donnons ici un dessin représentant une coupe de la tête.

Nous avons seulement noté dans cette figure les organes qui ont leur siége à la partie supérieure de la tête, afin de

faire comprendre et suivre plus facilement la connexion
qui existe entre la mimique et le siége des organes.

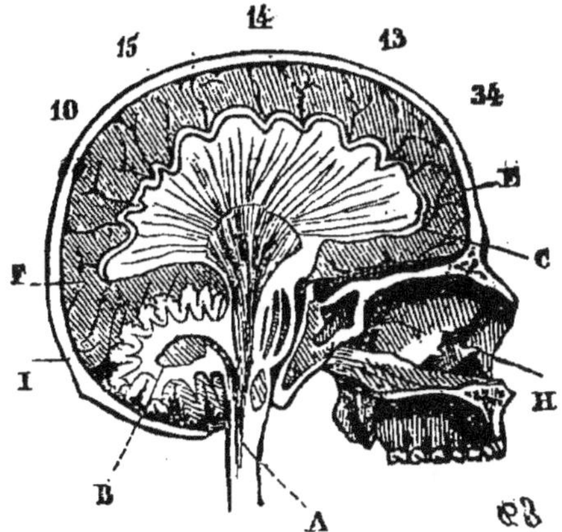

Pour les autres organes, nous renvoyons à la figure,
qui représente la topographie de toutes les facultés.

Mimique de la bienveillance.

L'organe dont l'activité détermine les sentiments de

bienveillance, ayant son siége à la partie antérieure de la tête, doit nécessairement se porter vers l'objet de son action et imprimer à la tête une direction en avant. Dans les démonstrations de ce sentiment les actes sont semblables quant au fond.

Les salutations, dans tous les pays, abaissent et élèvent alternativement la tête.

Mimique de la vénération.

L'organe de la vénération est placé au sommet de la tête; lors de son action, il doit entraîner le corps et la tête en avant et en haut. Les bras et les yeux sont dirigés vers le ciel, tantôt les mains sont jointes et rapprochées de la poitrine, tantôt elles s'élèvent doucement vers l'objet de leur culte, selon que la joie, l'espérance ou la résignation dominent.

Si, au contraire, c'est le sentiment de la grandeur et de la toute-puissance de l'Être suprême qui domine, l'homme, alors pénétré de vénération, s'humilie et se prosterne.

Mimique de la fierté.

L'organe de l'estime de soi, de la fierté ayant son siége à la partie postérieure et supérieure de la tête, doit par conséquent, d'après les lois que nous venons d'indiquer, lors de son action énergique, faire redresser et porter la tête un peu en arrière.

Examinez un homme orgueilleux quelque tranquille qu'il soit, vous reconnaîtrez toujours dans la pose le trait principal de son caractère, vous remarquerez toujours une tension générale du corps qui l'empêche de s'affaisser sur lui-même.

« Je ne connais, dit Engel, aucun peuple, aucune race d'hommes chez lesquels l'orgueil ne porte pas la tête en l'air, ne fasse pas relever tout le corps et ne fasse pas dresser l'homme sur la pointe du pied pour le faire paraître plus grand. » Non-seulement l'homme fier se redresse et porte la tête haute, mais s'il vient à mettre la main dans sa veste, il la placera le plus haut possible, tandis qu'il appuiera l'autre sur le côté, le coude avancé, afin d'occuper plus d'espace.

Si nous voulons exprimer un sentiment contraire, l'humilité, la soumission, le respect, notre pantomime sera précisément l'inverse. La tête et le corps s'inclineront d'autant plus que nous serons sous une inaction plus absolue, une apathie plus complète de l'organe de la fierté.

Dans un article, publié dans le premier volume du *Musée*, sur le sentiment de l'élévation, le docteur Bailly a donné des exemples nombreux de cette pantomime depuis le serrement de main de l'Européen, jusqu'au salut oriental, entre égaux, et le salut à plat ventre, lorsqu'il s'agit d'honorer la Divinité. Partout se retrouve ce sentiment d'abaissement pour exprimer notre respect pour la

Divinité et ses représentants, partout on s'agenouille, on se prosterne. Il nous a montré l'humiliante courbette du solliciteur, et le sauvage vaincu qui se prosterne jusqu'à terre en posant le pied de son vainqueur sur sa tête, pour lui faire hommage de sa liberté.

Cette pantomime est un langage généralement reçu, et par conséquent naturel et fondé sur la nature de l'homme, puisque nous voyons que chez le sauvage comme chez l'homme civilisé, ce sentiment produit des actions semblables quant au fond; elles dépendent donc d'une loi primitive antérieure à toute convention sociale et sont parfaitement indépendantes de toutes les circonstances au milieu desquelles on peut les observer.

Mimique de la fermeté.

Là fermeté a son siége immédiatement au sommet de la tête; elle doit donc, lorsqu'elle agit énergiquement, tenir la tête et le corps élevés perpendiculairement : en effet, à l'instant où l'on prend la ferme résolution de ne se laisser détourner par rien de son projet , on redresse verticalement le corps, on se soulève un peu de terre, on se pose solidement sur les jambes, et, le cou tendu, on s'apprête à braver tous les obstacles. C'est à cette attitude que se rapporte l'expression d'une volonté inébranlable ; mais dans cette figure, l'inflexibilité de caractère est maintenue par une certaine activité de l'orgueil, très bien indiquée ici par une certaine tendance de la tête à se porter en arrière.

Mimique du courage.

Au lieu d'un acte de fermeté, si nous obéissons à une incitation de l'organe du courage, comme cet organe a son siége à la partie inférieure du cerveau placée derrière l'oreille, la tête est alors tirée un peu en arrière et entre les épaules. Du reste , même attitude ; le corps se roidit en se rabattant sur lui-même ; les pieds sont écartés, afin de donner à la station plus de solidité et d'aplomb ; les muscles se contractent davantage ; la tête s'enfonce, les épaules s'élèvent, les dents sont serrées les unes contre les autres, les yeux menacent l'adversaire ; enfin, les bras tendus et les poings fermés et retirés en arrière , annoncent la résistance à toute violence. Telle est l'expression de l'activité , de l'instinct de la propre défense, lorsque les deux organes jumeaux agissent avec une égale énergie ; car s'il n'y a de bien actif que l'un des deux organes, la tête doit être tournée de côté et contre l'épaule qui répond à l'organe en action.

Le poltron, au contraire, se gratte derrière l'oreille, comme pour exciter son organe.

Mimique de la ruse.

L'organe de la ruse est placé aussi à la partie inférieure du cerveau, mais en avant et un peu au-dessus de l'oreille; aussi, lors de son activité, la tête et le corps sont portés en bas et en avant.

Voyez la mimique de l'homme rusé qui s'applaudit

d'avoir fait une dupe. Il s'avance à pas de loup, la tête légèrement inclinée; il jette de côté un regard expressif, et tandis que du doigt il vous montre sa dupe, il vous pousse doucement avec le coude pour vous annoncer qu'il est parvenu à son but.

Si, au contraire, il veut vous faire tenir en garde contre quelqu'un, il regarde cette personne de côté avec l'expression de la méfiance ; il le montre à la dérobée, tandis qu'il porte l'autre main à son visage et place l'indicateur le long du nez, en signe d'avertissement.

Ce mouvement rentre un peu, à mon sens, dans la pantomime de l'organe de la circonspection.

Mimique de la destruction.

Entre les deux organes précédents, de chaque côté de la tête, au-dessus des oreilles, se trouve un organe dont le droit de cité dans la tête humaine, a été vivement contesté, c'est l'organe du meurtre et de la destruction (6).

Dans la vie habituelle, son activité produit l'irascibilité, la colère.

Gall avait l'habitude, dans ses cours, de laisser deviner à ses auditeurs la pantomime de l'organe dont il les entretenait. Je pourrais faire de même et il ne vous serait pas difficile de trouver la mimique de cet organe. Situé sur la ligne moyenne, la tête, lors de son action, ne doit pas être portée ni en arrière ni en avant, mais seulement être retirée entre les épaules; de plus, lorsque la colère est grande, on élève les deux poings que l'on applique contre les tempes, et l'on fait exécuter à la tête, fortement enfoncée entre les épaules, des mouvements de rotation et d'oscillation.

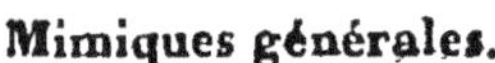

Mimiques générales.

A ces mimiques partielles de chaque organe en particulier, nous pourrions ajouter quelques mimiques géné-

ràles ou combinées,comme celle de l'entière inactivité du
cerveau chez l'imbécile, et celle de l'homme mélancolique

qui s'abandonne, sans aucune résistance, à son chagrin;
comparez ces états d'apathie avec la mimique de l'homme

dont l'attention a été excitée. Tandis que les muscles de
l'un sont dans un état complet de relâchement, que sa

tête tombe sur sa poitrine, le regard fixé sur la terre, les bras pendants, le cou, l'échine, toutes les parties enfin dans un état d'abattement et d'inertie qui caractérise la souffrance morale, tout est activité dans l'autre, afin de ne rien perdre du récit ou du fait dont il est témoin.

On connaît la mimique de la méditation, quelque complexe qu'elle soit; toujours les mouvements, tant de la

tête que de la main, indiquent que la contention a lieu dans la région frontale. Quelquefois les bras sont placés derrière le dos ou croisés sur la poitrine; les yeux sont immobiles, la tête tantôt se relève comme dans la première figure, et tantôt s'abaisse comme dans la dernière.

MOUVEMENTS COMBINÉS.

Mimique mélangée de surprise et de bienveillance.

Mais, ainsi que nous avons eu soin de le faire observer, il y a souvent complication dans la pantomime, mélange de facultés différentes qu'il faut savoir distinguer.

Ainsi, dans l'exemple de mimique de la bienveillance,

p. 143, la pose du corps est en contradiction apparente avec le mouvement des bras, qui sont étendus vers le bienvenu, et la direction de la tête. En effet, le sentiment de bienveillance qui porte naturellement toutes les parties en avant semble repousser et contredire cette attitude dans laquelle le corps est représenté rejeté en arrière; mais cette modification de la mimique principale tient à une circonstance qui met en jeu un autre sentiment: l'étonnement produit par la présence subite d'un ami qu'on n'attendait pas.

Comme dernier exemple de mimique combinée, nous tirons d'une estampe anglaise le sujet suivant, qui rappelle si bien la fable *du Loup et de l'Agneau*, et qui nous montre la dépendance inévitable dans laquelle les individus agneaux se trouvent de certains individus loups.

Rappelez-vous ce que nous avons dit de la mimique du courage ; voyez ces poings serrés et retirés en arrière, ces bras tendus, cette tête enfoncée entre les épaules, tandis que le poltron semble vouloir protéger de son coude son organe inactif.

Ajoutez la parole à la pantomime réduite à un certain nombre d'éléments constitutifs, et vous aurez l'art de la déclamation, si nécessaire à l'orateur.

Telle est la mimique des principales facultés. Faites de ces attitudes naturelles, de ces gestes involontaires ce que vous faites, dit Gall, de vos caractères alphabétiques et numériques ; combinez ces principes élémentaires autant que vos sentiments sont combinés, et vous aurez le langage d'action dont l'étude est d'une si haute importance pour ceux qui se livrent aux beaux-arts ou se destinent au théâtre.

CHAPITRE VIII ET DERNIER.

APPLICATION AU SYSTÈME PÉNITENTIAIRE.

Nous arrivons à une question plus grave et plus complexe, nous voulons parler de cette éducation secondaire que, depuis des siècles, on appelle répression des délits, punition des crimes, et qui s'adresse généralement à l'homme fait.

Il y a deux côtés à considérer dans cette grave question : La première a trait à la législation civile et criminelle, elle embrasse l'homme comme objet de punition. La seconde examine l'homme comme objet de correction morale et formule le système pénitentiaire.

La législation civile et criminelle a pour but de régler et de diriger l'action des facultés humaines. Les lois, pour acquérir toute l'utilité possible, doivent donc s'accorder avec la constitution de ces facultés ; mais comment des lois naturelles peuvent-elles être établies par les législateurs, lorsque le sujet à gouverner, c'est-à-dire la nature humaine, n'est pas nettement compris et parfaitement connu de ceux qui prétendent le diriger?

La législation qui a succédé au système féodal ne contient qu'une injustice de moins : celle qui dérivait du droit de naissance, car elle ne tient point encore compte des conditions d'entourage (milieu social), d'éducation et, par-dessus tout, des conditions d'organisation cérébrale ; à ses yeux, elles restent les mêmes pour tous les hommes.

Nous n'examinerons que ces dernières, parce que, seules, elles rentrent dans notre sujet principal et qu'elles sont ignorées par ceux qui s'occupent d'améliorations.

Cependant nous ferons remarquer que les statistiques donnent tous les ans le même résultat, non-seulement dans le nombre général des crimes, mais encore dans chaque catégorie d'infractions à nos lois ; puis aussi que les mêmes délits se présentent aux mêmes époques de l'année ; que tel ou tel de ces délits se trouve affecté généralement à une saison plutôt qu'à une autre, aux jeunes gens, aux hommes ou aux vieillards ; qu'ils sont commis chacun par la même classe de la société, et que tous ceux qui reposent sur la mauvaise direction de nos instincts appartiennent aux hommes sans éducation. Ce qui prouve que, dans l'appréciation des crimes, il faudrait examiner l'influence de l'âge, des saisons et le degré d'éducation que l'infracteur a reçu. Il faudrait voir aussi dans ces manifestations vicieuses, périodiques et fatalement égales en nombre, une infirmité de notre nature, et par conséquent ne point donner à la pénalité un caractère de vengeance, mais de charité ; sa mission n'est point de châtier, mais de guérir.

L'ancienne philosophie, en admettant une théorie trop absolue de la liberté, en établissant que, lorsque l'homme avait commis une faute, c'est qu'il l'avait voulu, ne pouvait demander aux lois que des punitions et des vengeances ; la restriction considérable que la phrénologie établit dans le libre arbitre et la volonté, entraîne de toute nécessité des changements radicaux dans l'appréciation' des actions coupables par rapport à la société. C'est même par suite d'une sorte d'infusion des doctrines de Gall, dans la société actuelle, que ce besoin d'amélioration se fait si fort sentir.

La législation criminelle elle-même appelle à grands cris, depuis quelque temps, des changements radicaux dans l'appréciation des délits et l'application des peines. M. Bérenger[1] a dit, il y a plus de quinze ans : « Nos lois pénales sont à mille siècles de l'époque où nous vivons. Pour faire sentir la nécessité de les graduer sur une meilleure échelle, il faudrait montrer les causes, quelquefois lentes, quelquefois rapides, qui entraînent au vice, et qui font faire dans le mal des progrès si souvent effrayants ; il

______

(1) *De la Justice criminelle en France*, avant-propos, p. iij.

faudrait encore, en se fondant sur l'expérience et l'étude approfondie du cœur humain, présenter une théorie simple et claire des probabilités en matière de crime. Il faudrait habituer les esprits à considérer un criminel, moins comme un être qui mérite d'être cruellement puni, que comme un homme atteint d'une maladie morale, et qu'il faut guérir, comme un homme le plus souvent digne de pitié, qu'il faut corriger et rendre meilleur. »

Un interprète de la loi, M. Dupin aîné, procureur général dans l'audience solennelle de rentrée de la Cour de cassation (1833), en a même appelé à la *phrénologie* pour préparer l'œuvre de la législation, en s'exprimant ainsi : « La philanthropie, je le sais, accuse la timidité de nos réformes ; elle appelle de ses vœux une véritable révolution dans le système de la pénalité. Aux yeux de quelques philosophes, le crime n'est pour ainsi dire que la suite d'une affection cérébrale ; c'est une sorte de maladie, et pour eux tout procès criminel se réduit presque à une question de *phrénologie*. Dès lors, au lieu de peines sévères, il ne faudrait que de bons soins ; les prisons ne devraient être que des hôpitaux où les coupables seraient habilement traités, un gymnase où ils fortifieraient leurs organes, des écoles où ils éclaireraient leur esprit. Je n'accuse pas ces utopies dans ce qu'elles ont d'humain et de généreux, je résiste seulement à l'extension *trop rapide* qu'on voudrait donner à leur application. »

Voici donc ce que la phrénologie avance à ce sujet :

Les infractions de toute nature sont le résultat de l'abus d'une faculté, et cette tendance à l'abus provient de trois causes :

1° Le trop grand développement des organes cérébraux, et par suite la trop grande activité des facultés ;

2° L'influence des circonstances extérieures : les saisons, l'ivresse ou les besoins, etc. ;

3° L'ignorance des lois de la société et de tout ce qui constitue l'usage légitime de nos facultés.

L'observation que la plupart des crimes sont commis par les classes ignorantes de la société, démontre que l'éducation est, si l'on peut s'exprimer ainsi, le remède préventif qu'on doit appliquer.

(Au reste, il faut le dire à l'honneur de notre pays, on s'en occupe activement; de tous côtés, on s'efforce d'aller à la racine du mal et de créer des institutions propres à développer l'intelligence des masses et à ennoblir ses sentiments.)

Quant à l'influence des circonstances extérieures, c'est encore à l'éducation qui développe également le sens moral de l'homme qu'on doit avoir recours.

Et lorsque les manifestations vicieuses sont le résultat d'une organisation incomplète, l'éducation orthophrénique leur est applicable, les résultats en seront toujours heureux, en ce sens qu'ils apporteront des améliorations, et que parfois l'entière guérison est possible.

Comme toujours, nous allons par des faits prouver chacune des propositions renfermées dans ce dernier énoncé.

D'abord, il y a des organisations incomplètes. Vous êtes assez initié à la phrénologie pour remarquer dans la dé-

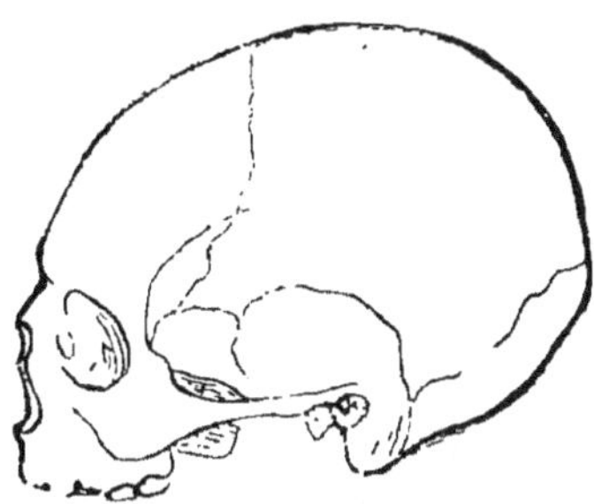

pression de ce front l'absence des facultés intellectuelles;

prenez les têtes des criminels que nous avons dessinées dans ce livre, examinez-les de nouveau, et vous aurez la preuve encore de ce que nous vous avons dit, que c'est au concours des instincts prononcés de la destructivité, de la combativité, de l'acquisivité, etc., auquel ne sont point venus se joindre, pour leur imprimer une bonne direction, les sentiments de bienveillance, de vénération, de justice, etc., que sont dus leurs actions nuisibles[1].

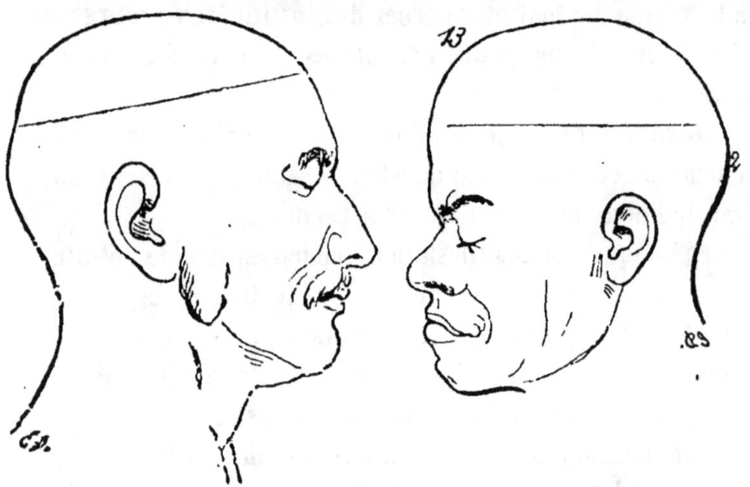

Voici deux profils; si l'intelligence prédomine chez Lacenaire, en revanche chez Eustache la partie supérieure de la tête où siégent les sentiments de bienveillance, etc., est infiniment plus accusée. Il est inutile de rappeler les manifestations dues à cette différence dans la conduite de ces deux sujets.

Il est nécessaire de démontrer que ces diverses organisations sont toujours appréciables, et ne peuvent échap-

(1) Voyez pag. 64 et 65 les lignes sur le parallèle entre l'organisation cérébrale du général Lamarque et celle du parricide Loutiller.

per au diagnostic du phrénologiste, car il est clair qu'il faut reconnaître le mal pour le combattre.

Deux faits fort curieux en même temps que très concluants suffiront.

En 1839, le docteur Voisin se rendit avec nous au pénitencier des jeunes détenus pour expérimenter, devant une commission de l'Académie, l'infaillibilité de la science phrénologique. Le directeur donna l'ordre d'amener tous les prisonniers dans une salle et de les faire passer devant nous ; il s'agissait de les classer en quatre catégories ; le docteur Voisin s'emparait des bons et des passables, puis les séparait en deux bandes ; moi, j'arrêtais les indisciplinés et les incorrigibles, ou incurables si l'on veut, au passage, plaçant les uns à ma droite et les autres à ma gauche. Lorsque ce travail fut achevé, et que nous eûmes dûment enregistré le numéro de chacun des enfants dans la colonne où la phrénologie nous disait que son caractère devait le faire inscrire, il se trouva que ces notes étaient en tout point conformes à celles du directeur. L'instituteur qui se tenait auprès de nous durant notre opération subit l'influence de la vue des faits, dont le résultat est d'amener la conviction ; il avoua que, dans les premiers instants, il éprouvait une sorte d'incrédulité mêlée de curiosité, et se disait intérieurement à chaque sujet qui sortait des rangs : « Voyons un peu, mon gaillard, de quel côté tu vas passer. » Puis lorsqu'il eût vu que, sans se tromper d'un seul sur la première moitié, notre main avait infailliblement séparé les bons d'avec les mauvais, il se prit à dire : « Toi, tu passeras à gauche ; toi, tu seras parqué à droite. »

La science peut donc distinguer les natures bonnes et les natures mauvaises ; elle peut encore désigner les différentes nuances du plus au moins.

Le docteur Voisin, en 1828, avait prouvé, en effet, que le pouvoir d'investigation de la phrénologie allait plus loin ; c'est-à-dire qu'il découvrait non-seulement une organisation vicieuse, mais qu'il déterminait aussi la nature du vice dont elle était affectée.

On avait réuni sur un des quais de l'intérieur du bagne de Toulon, où le docteur s'était rendu pour faire ses essais cranioscopiques, trois cent cinquante galériens subissant la peine de leurs crimes, et parmi lesquels, d'après sa demande, vingt-deux hommes condamnés pour viol furent mêlés.

Chaque fois qu'il trouvait un individu ayant la nuque saillante (on sait que là est le siége de l'amativité dont le développement excessif peut, dans une organisation mauvaise ou mal dirigée, conduire au crime ;), il prenait son numéro. Après avoir passé en revue chacun de ces hommes et remarqué vingt-deux d'entre eux, il se rendit dans le cabinet du directeur, suivi des personnes sous les yeux de qui il avait opéré. Sur ces vingt-deux hommes, treize en effet avaient été conduits au bagne pour l'infraction légale dont nous avons parlé ; proportion numérique qui suffit à elle seule à montrer l'empire despotique de l'organisation sur les manifestations des êtres, et à prouver la certitude d'investigation de la science. D'autant que, de l'aveu de l'administrateur du bagne, les neuf individus notés par M. Voisin, étaient signalés comme dangereux pour les mœurs, et ceux qui, quoique coupables d'outrages envers la morale, lui étaient échappés et ne présentaient pas le même signe extérieur, l'instruction et les débats auxquels leur crime avait donné lieu ont prouvé que l'infraction qu'ils avaient commise était un accident de leur vie ; que l'ivresse, par exemple, la saison et les autres circonstances extérieures, mais non une constitution faite pour les y prédisposer, les avait conduits à ce crime.

. Actuellement la proposition peut être posée toute mathématiquement : trois termes étant donnés pour résoudre un problème, trouver le quatrième. On peut apprécier les vices d'une organisation ; on connaît, par conséquent, la cause des crimes, et l'on possède en théorie le système d'éducation qui doit la combattre ; reste à savoir si le résultat sera bon, c'est-à-dire, si l'on pourra modifier, corriger ou guérir.

Pour le phrénologiste, ce résultat n'est point douteux. Le grand succès obtenu dans l'établissement orthophrénique fondé par M. Félix Voisin, pour l'éducation des idiots ou autres enfants d'une organisation défectueuse, et ceux également obtenus par M. Seguin à l'hospice des Incurables, doivent le confirmer dans son opinion.

De même que, dans le premier établissement, on divise les enfants en quatre catégories : les *enfants nés pauvres d'esprit;* les *enfants ordinaires*, mais dont l'éducation a pris, étant mal dirigée, une direction vicieuse ; les *enfants nés extraordinairement*, c'est-à-dire, doués d'une ou plusieurs facultés qui, nous l'avons vu, demandent une éducation spéciale pour donner d'utiles manifestations ; et enfin les *enfants nés de parents aliénés* qui se trouvent ainsi fatalement prédisposés à l'aliénation mentale ; de même, disons-nous, dans les pénitenciers des jeunes détenus on devrait faire des distinctions analogues : les *natures faibles* sur qui l'entraînement doit être puissant et le bon exemple efficace ; les *organisations extraordinaires* qui font, sous certaines influences, le héros des bagnes ; celles qui sont *défectueuses*, etc., et soumettre les différents sujets à différents régimes moraux. Si nous ne venions de citer les bienfaits de l'éducation orthophrénique, nous rappellerions l'exemple de Georges Bidder, dont le crâne a subi jusqu'à l'âge mûr des changements et des modifications qui en ont également amené dans ses facultés morales, et nous affirmerions que pour les jeunes détenus chez qui, pour la plupart, l'évolution du cerveau n'est point terminée, un pareil système doit déterminer les meilleurs effets.

En sera-t-il de même pour les adultes? Avant de répondre à cette question, il est nécessaire d'établir deux divisions principales, d'abord les condamnés pour lesquels l'action criminelle a été un accident de la vie ; ensuite, les condamnés pour lesquels le crime est une profession. Pour ces derniers, il est malheureusement trop certain que tous les efforts de la philanthropie et de la science sont impuissants pour modifier assez profondément des organisations vicieuses.

Nous disions, dans un article inséré dans le journal *le Droit :* « M. Amilhau, dans son rapport à la Chambre des députés, sur le budget, a dit que le gouvernement allait exécuter à Gaillon et à Fontevrault un projet de système pénitentiaire pour les condamnés en récidive. *Attendons les résultats*, ajoute-t-il. Cet espoir d'améliorer des récidives est un sentiment respectable et encourageant, mais qui, dans l'état actuel des choses, n'est malheureusement que bien peu fondé pour ceux qui sont restés quelque temps en contact avec ces intelligences coupables. Et les résultats qu'on obtiendra, nous pouvons les prédire, et nous le devons faire afin que, lorsqu'ils seront connus, on ne se croyait point le droit de nier l'efficacité d'un remède parce qu'on l'a appliqué à des natures incurables. »

L'éducation pénitentiaire est donc possible seulement pour les condamnés de la première série. En effet, ceux-ci ont été conduits au crime, non pas par calcul, mais par une cause accidentelle qu i se présente rarement plusieurs fois dans la vie. Chez eux, il n'y a point prédestination ni habitude du mal contractée, et nous irons jusqu'à dire qu'ils ont été quelquefois entraînés à un acte coupable par des sentiments bons en eux-mêmes, mais que l'intelligence ne guida pas. Par exemple. pourrait-on consciencieusement considérer comme criminel l'un de nos infirmiers, nommé Michel. Cet homme, domestique d'un fabricant de Turcoing, avait été, à la mort de son maître, désigné comme gardien judiciaire des scellés. Michel ne possédait aucune instruction, et son intelligence était trop bornée pour qu'il eut conscience de l'importance légale de la fonction qu'on lui imposait. Un frère de son ancien maître vint réclamer des objets qui lui appartenaient et qui avaient été placés sous les scellés. Michel qui en avait connaissance pensa qu'il était juste de les restituer à leur légitime possesseur, sans réfléchir que pour les lui remettre il fallait briser le sceau de la loi. Il arracha les scellés. Une poursuite criminelle suivit cet acte que notre législation punit des travaux forcés. Cependant, telle était la moralité bien connue de Michel, qu'il ne fut pas arrêté, et que pendant trois mois il vint chaque semaine près du juge d'instruction subir un interrogatoire qui rendait à tout moment sa position de plus en plus alarmante. Enfin, il parut librement devant le jury, fut déclaré coupable et condamné à cinq ans de fers ; le fait était patent, le texte formel. Michel fut donc justement condamné, car la législation humaine ne peut pénétrer la conscience de l'homme : là où le fait matériel finit, elle s'arrête. Son but est de prévenir tout désordre apporté dans l'économie sociale, et tout fait qui la trouble nécessite une répression ; mais méritait-il les galères ?

Voici un autre fait qui montre combien l'ignorance des

loi de la nature morale et intellectuelle de l'homme peut amener les corps les plus éclairés, la justice, à de graves erreurs :

Lemoine, assassin de la femme de chambre de madame Dupuytren, fut arrêté et reconnu coupable. Ses relations toutes littéraires avec Gillard (ce dernier, cuisinier de madame Dupuytren, composait des vers que Lemoine corrigeait) rendaient aux yeux du nouveau Carême la culpabilité de son ami impossible.

Le sentiment de bienveillance dont Gillard était doué le porta à défendre Lemoine avec une chaleur et une persévérance qui ne devait, d'après la conscience de ses juges, appartenir qu'à un coupable. Le jury le déclara complice, et on le condamna.

Son innocence ne tarda pas à être découverte, les démarches nécessaires à la révocation de l'arrêt de la Cour royale furent faites ; il fut élargi.

Une fois sorti de prison, Gillard réclama sa réhabilitation ; la chambre répondit qu'un tel acte ne pouvait être délivré, il établirait un précédent qui amènerait chaque année un nombre de pétitions capable d'absorber une grande partie de la session.

Pendant longtemps Gillard chercha à s'en passer ; mais il ne put jamais trouver d'emploi. Il subissait l'influence du préjugé pour une condamnation injuste, comme si elle eût été méritée. Après avoir vécu des bienfaits de la famille royale, Gillard, garçon plein de cœur et de sentiments loyaux, pour avoir obéi à l'impulsion d'une nature aimante et généreuse à l'excès, se vit obligé de quitter son pays et les siens, et d'aller demander à l'étranger une existence problématique.

Ces conséquences malheureuses d'une fausse appréciation, faite d'après les théories ou les dogmes que tout homme se pose sur le seul examen de sa propre nature, doit prouver aux yeux de tous l'importance de l'étude approfondie de la science phrénologique.

Tenons-nous-en là des exemples que nous pouvons citer afin de prouver la possibilité d'un système de réforme sur un grand nombre de sujets, et revenons à la question principale. Voyons, pour la catégorie de condamnés où nous pensons cette réforme possible, sur quelle base doit s'appuyer l'éducation pénitentiaire.

Ce serait méconnaître étrangement l'état moral de notre patrie, que de croire applicable en France le système pénitentiaire introduit en Suisse et aux États-Unis d'Amérique. Quand chez un peuple les principes fondamentaux de l'ordre social n'ont plus sur l'opinion une absolue puissance, quand, après avoir été discutés, critiqués, ils n'inspirent plus le respect et l'amour qui faisaient leur force, une réforme devient impossible ; les plus sages institutions demeurent infécondes et stériles, faute d'une idée morale qui, dominant tous les faits sociaux, leur imprime un caractère véritable, et leur donne une autorité incontestée.

« En Amérique, dit M. de Tocqueville, ce mouvement qui a déterminé la réforme des prisons a été essentiellement religieux. Ce sont des hommes religieux qui ont conçu et accompli tout ce qui a été entrepris ; ils n'agirent pas seuls ; mais ce sont eux qui par zèle donnèrent l'impulsion à tous et excitèrent ainsi dans les esprits l'ardeur dont eux-mêmes étaient animés. Aussi la religion est-elle encore aujourd'hui, dans toutes les prisons nouvelles, un des éléments fondamentaux de la discipline et de la réforme. C'est son influence qui produit toutes les régénérations complètes, et même à l'égard des réformes moins profondes nous avons vu qu'elle contribue beaucoup à les faire obtenir. Il est à craindre qu'en notre patrie cette assistance ne manque au système pénitentiare.

« En général, les condamnés, chez nous, n'ont pas des dispositions aussi favorables qu'en Amérique ; et en dehors de la prison, l'ardeur du zèle religieux ne se rencontre guère que dans les ministres du culte.

« Sortis du pénitentier, l'influence de la religion disparaîtrait ; resterait la philanthropie pour réformer les criminels. On ne peut contester qu'il n'y ait chez nous des hommes généreux qui, doués d'une sensibilité profonde, sont ardents à soulager toutes les misères et à guérir toutes les plaies de l'humanité. Jusqu'à présent, leur attention, exclusivement occupée du sort matériel des prisonniers, a négligé un intérêt plus précieux, celui de leur réforme morale ; on conçoit cependant très bien qu'appelés sur ce terrain, leur bienfaisance ne se ferait pas longtemps attendre, et quelques succès naîtraient sans doute de leurs efforts. Mais ces hommes, sincèrement philanthropes, sont rares. Le plus souvent, la philanthropie n'est chez nous qu'une affaire d'imagination ; on lit la vie d'Howard, dont on admire les vertus philanthropiques, et l'on trouve qu'il est heureux d'aimer comme lui d'humanité ; mais cette passion, qui naît dans la tête, n'arrive pas toujours jusqu'au cœur, et va souvent s'éteindre dans un article de journal.

« Il y a donc dans nos mœurs et dans l'état actuel des esprits en France des obstacles moraux contre lesquels le système pénitentier aurait à lutter s'il était établi tel qu'il existe aux États-Unis. Ces obstacles que nous signalons pourront sans doute ne pas exister toujours. Une hostilité durable de l'opinion publique contre la religion et ses ministres n'est point chose naturelle, et nous ignorons jusqu'à quel point une société peut se conduire longtemps sans le secours des croyances religieuses. Mais ici nous ne devons point devancer le présent ; et parmi les obstacles actuellement existants, qui nuiraient au système pénitentiaire en France, celui que nous venons de signaler est sans contredit un des plus graves. »

Nous ne croyons pas avec M. de Tocqueville que l'influence de la religion soit tout-à-fait nulle en France aujourd'hui. Le besoin d'une croyance est tellement inné en nous, qu'il ne peut mourir entièrement. Au jour du malheur, l'homme le retrouve dans les replis les plus profonds de son cœur. Nous disons seulement qu'elle est impuissante pour amener à elle seule un résultat : elle a besoin d'un auxiliaire ; cet auxiliaire, qui malheureusement a été trop négligé jusqu'ici, est la famille ; il est d'un puissant secours, et sa portée morale est haute. Son influence en effet, dans le cas qui nous occupe, n'est-elle point double ; elle agit puissamment sur le moral du coupable, qu'elle ramène à des sentiments tendres et à l'amour du travail ; puis elle prédispose à l'indulgence les parents qui voient chaque jour leurs conseils profiter ; elle enlève toute la répulsion qu'on éprouve à rendre au prisonnier libéré sa place au foyer et à l'atelier.

Pour ne point interrompre le cours de nos idées dans l'exposé de ce système pénitentiaire, nous avons omis certains exemples bien faits cependant pour justifier la nécessité de la réforme que nous sollicitons. Nous les donnons ici, et, sans qu'il soit besoin de préambule, le lecteur saura les rattacher aux lignes précédentes.

Nous avons dit que le manque d'éducation est une des principales causes des délits ; ils sont généralement commis par des organisations incomplètes ; néanmoins il se trouve de nombreuses exceptions, et l'on rencontre souvent dans les prisons des coupables doués des meilleures

11.

facultés ; c'est encore le manque de culture, de direction, d'éducation qui les conduit là.

Notre devoir nous ayant attaché pendant longtemps aux maisons de corrections, nous avons été à même d'étudier sérieusement cette grave question ; nous avons interrogé presque tous ces malheureux. Nous leur avons demandé l'histoire écrite de leur vie, et de toutes ces biographies précieusement conservées, et qui toutes ont de grands points de ressemblance ; nous choisissons celle de H... comme résumant à elle seule toutes les autres. Nous la reproduisons en entier et avec son orthographe, afin de n'en point altérer le cachet particulier qui nous a semblé curieux.

« Javet 6 a 7 an quend je caumencet a volé, les pre-
« mier vol feut che mononcle che qui j'ai été élevé apres
« la mor de mon perre que je ne pas caunu. Je vollé dans
« son tirroire les liare est jalet joié avec les camarade
« d'escaul. Peut de ten apret je prie les sol les piesse blen-
« che pour joié, sependant je donné baucou au pauvre,
« jaime les entendre dirre que leneveux de M. H. a bon
« cœur est seur tout devent les autre sela mefeset plesir.
« (Bienveillance et vanité.) Alor je peuisé tan que je
« pouvé. Mes l'on s'en net apersu et l'on a retiré les clés
« de partout dans la boutique.

« Sela ne m'alet pas dutout. Mais sependans comme ja-
« vais vut mon oncle enprendre dans le segreterre il me
« vien lidé de ferre comme lui, mais jenetai pas asé grend
« je prie un fauteul et je monté deseu, je louvrie mes y
« ni avet que des louis. je ne caunecet pas cet maunet mes
« sependans jenprie 5 est je men feut a lecaule. Un ca-
« marade bien plus malin que moi seur largen maufrit 5
« piesse de 10 sol que je prie pour mes 5 louis, que je ne
« savet pas seque sété. Je revien le soir de lecolle, je vie

« que mon oncle sedispute avec la bonne qu'il aceuset
« davoir volé le 5 louis que javet prie est il lameté ala
« paurte en lui dissant d'aler se faire pendre a-lieur. Mon
« oncle medemendes si cété moi qui avet prie les 5 louis,
« l'on m'en montra un, mes jai die que se nété pas moi,
« sependans je recaunesé bien la piesse pour etre parielle
« à ceuse que j'avet prie ; je die bien toujour que cété pas
« moi. Lelendemien la bonne partie. Sela me fit tan de
« piene que je me getai aux genou de mon oncle et je lui
« die que cété moi qui avet pri l'argen et quil rapele là
« bonne cet ce qu'il fit tout desuite, et sitau que je la vie
« je fut bien conten mon a-veux me valu mon pardon.
« Mes les clé fut retiré de partout. »

H. raconte alors comment il s'y prit pour satisfaire son
penchant.

« Une nuit il me vin une idé, je me sui leve tout dou-
« sement, jouvrie ma paurte et sel de mon oncle, est je
« me glisé à set éfet pour prendre dans sa bourse de largen
« et je retourné me couché. Sela ala lonten, mes une nuit
« comme a l'ordiner je me rendé a ma petite ouvrage, il
« ne dormé pas bien ou bien jai fait plus de bruit il s'est
« revelier est a crié au voleur. Mai je tenet son patalon je
« lui jetai sur lafigur afien quil ne me vie pas repartir à
« mon lie. Il s'est levé et jai fient de dormier. Il ne me
« die rien du tout. Le lendemien au diné mon oncle dit
« qu'il avet fet un drole de reve et quil alet nous le ra-
« conté. Moi je lécoute bien, et lui feset fiente de ne pas
« ferre atension a moi, et il raconta son conte : cété ce qu'il
« etai arivé dans la nuit. Moi je me mie à rire comme un
« fou, il me demenda si gavet entendu quelque chose, je re-
« pondie que non, peut de ten apres je vàulu recaumecé,
« mes il semefié est il me prie il me mie dans sa cave 2
« jours est il me fiet remonté et lui demendé pardon,
« chose que je nemé pas baucou (*orgueil*). Je resta tren-

« quil. Sependan un jour le daumestique mavet fet rece-
« voire une punision je lui mie dans son escalier une
« corde en traver a fien quen descndan il seprene les pied
« de dean est quil tombe ce qui ariva le soirre meme.

« A 12 an mon oncle est mort et je men fut chez
« mon grandperre à le caul Militer. Comme il savet la
« vie que javet mené che son fils il retira les clé de par
« tout. Je ne savet pas caument ferre est je cherché les
« moiyen de pouvoire a voire le largen. Il me prie une
« idé. Le contoire a vé trois tiroire don deux neté pas
« fermé, jaute selui du milieus je passe ma mein parla
« coulise et je tonbe la mein justement dan celle à largen
« blan.

« Sela nala pas lonten un jour je descendé a la cave
« pour la netoiyer. il me prie une idé de mengé de la
« viende salé qui été dan un paut devan moi je ne vou-
« lut pas en prende dans selui ou lon en prené quend on
« en avet beu soin (circonspection et ruse) j'enprie dans
« selui du fon. Mes quel feut ma surprise en trouvan a
« la plase de la viende des piesse de sen sou. Gen prie
« et je remonté de suite. Je ne joie plus a lorse, je
« donné au pauvre des piesse de sen sou a la foi est ja-
« geté des betise. Quend je ne pouvet pas avoire au ti-
« roire, je desendé a mon tresaur.

« Mon perre se trouve gené, il feut aubligé d'aler a sa
« plamque (cachette), il été ten, quard le paut été a
« mautié. Il voulé me tuer. Je me sauvé ché ma merre
« qui me cacha. Mon perre ariva au cito que moi ché ma
« merre, qui prie le partie de me ferre partir desuite
« pour l'Auvergne.

« Je partie de suite. Mon gran perre ne savet pas
« sela, il me leça tout a l'abendon *je ne lui touché rien.*
« Je parté seul a vec mon chien mon petie fusie dans les
« fauret est les rauché. Souvent il été 11 heures du soire

« est je ne té pas rentré, mon gran perre en voiyé me
« cherché, et on me trouvé endormie au pié dune rau-
« che. Je m'asoiyé a la brune au pié de la rauche. je me
« figeurit être le cheffe dune bende qui abite la fauret
« (amour de la domination), et a la longue je mandor-
« mie, c'est pour coi lon venet me cherché.

« Je reste un an, et au bou je feut ché un fermier de
« mon perre lui demendé 300 fr. est je partie pour Pa-
« ris sans rien dire. »

De retour à Paris, H., se retrouvant dans les mêmes
circonstances, au milieu des sollicitations de ses camarades, se remet à voler sa mère. Par une circonstance fatale, il est pris pour un malfaiteur qui s'enfuyait après
avoir commis son crime. Son innocence ne tarda pas à
lui faire ouvrir les portes de la prison, néanmoins ce séjour suffit pour déterminer la direction de sa carrière,
ainsi qu'on va le voir :

« Les caunaisense que javet fet dans ma prevension me
« servire a me montré a vollé les autre quard jeusqua
« lorse je n'avet vollé que mes paren. »

La narration des nombreux délits de H. pourrait fati-
guer le lecteur ; il en ressort qu'il commit plusieurs vols
fort adroits ; il joignait quelquefois l'effronterie la plus
comique à son audace, témoin ce qu'il dit :

« Un jour que je fu ouvrire une paurte avec une fause
« clé, je trouvé la soupe fete, je me sui mis a table et je
« prie a vec mon ami un boullion. La femme vien et
« moi la voiyan entré, je me sui levé, je la saluée et je
« men feu. Le saisisement la fit trouvé mal, car el ne
« cria que lontan apré. »

Pour achever de tracer l'étrange caractère de H, il ne
me reste qu'un trait à citer : Un jour, accompagné d'un
de ses anciens camarades de prison, il déroba une partie

de l'éventaire d'une pauvre femme qui, pour un instant, s'en était éloignée. A la vue de ce désastre, elle jeta les hauts cris, pleurant à chaudes larmes la perte de l'unique moyen d'existence que possédait sa famille. H. qui revenait enlever ce qui restait sur l'éventaire, fut attendri par ce spectacle déchirant. « Venez avec moi, dit-il à « cette malheureuse, je vous ferai rendre ce que l'on « vous a pris. » En effet, il la conduisit à la maison où l'attendait son complice. Mais celui-ci ne voulant pas imiter sa générosité, H. l'y contraignit après lui avoir administré nombre de vigoureux coups de poings ; la pauvre femme s'en retourna remportant, non-seulement ce qu'on lui avait dérobé, mais enrichie de tout l'argent que H. avait sur lui.

On remarque dans cette narration une grande intelligence, et chez H... un beau front, surtout dans la partie supérieure où siége la bienveillance (13), ainsi qu'on peut le voir sur le trait ci-dessous, facultés qui n'ont point

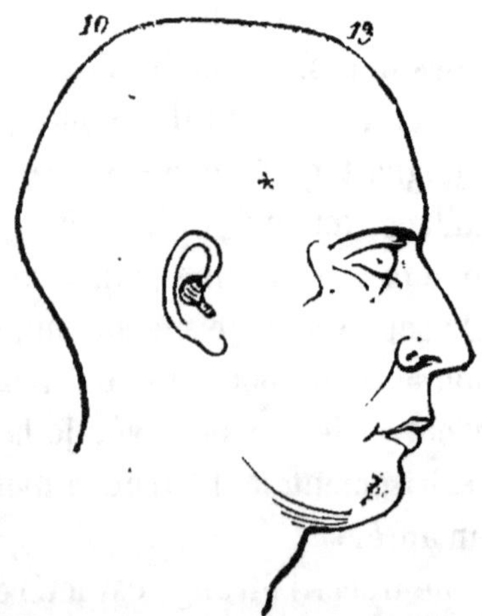

empêché le malheureux d'arriver au banc des cours d'assises, parce qu'elles ont manqué de direction.

Les enfants commencent comme H... par dérober des bagatelles à leurs parents, puis ils font de mauvaises connaissances dans les maisons où on les renferme ; ils en sortent pour faire partie d'une association parfaitement réglée contre la bourse ou la propriété des autres ; bientôt on les reprend, ils sont condamnés, flétris ; désormais ils ne peuvent rentrer dans le monde, ils n'ont d'autre ressource pour vivre que le vol, et c'est cette triste nécessité qui les conduit à tous les crimes.

Nous avons parlé d'une association de petits brigands, disons-en deux mots : elle a son siége à Paris, et elle se compose de tous les jeunes vauriens de la capitale qui préludent au crime par de petits vols, de petites espiègleries, et qui viennent dans les prisons faire l'apprentissage d'une carrière de duperies et de forfaits. Ils se connaissent tous entre eux ; ils marchent par bandes, par pelotons ; ils ont leurs éclaireurs, leurs boucs émissaires ; ceux-ci vont reconnaître l'ennemi, sonder le terrain, et font leur rapport au général commandant, qui dirige alors les opérations de sa troupe d'après les renseignements qu'il a reçus.

Nous terminerons ici, car si nous entreprenions la physiologie du vol, il nous faudrait des volumes ; d'ailleurs, il n'en ressortirait toujours que la même conséquence, c'est que, dans cette classe de prolétaires, pour lesquels le vol est devenu une profession, l'impénitence finale est une nécessité, un fait ; par conséquent, toute tentative de réforme exercée sur eux est non-seulement inutile, mais immorale ; car non-seulement, comme nous l'avons dit plus haut, elle déterminerait un grand nombre de personnes à se croire le droit de nier l'efficacité d'un remède par cela seul qu'on l'a appliqué à des natures incurables, mais parce qu'elle diminuerait les ressources qui, affectées aux natures bonnes encore, produiraient les meilleurs effets.

De tout ceci, que résulte-t-il ? Une réforme dans l'éducation de la famille ; une réforme dans la seconde éducation de l'homme. La phrénologie, d'accord avec la morale et l'humanité lorsque cette réforme est possible, propose les moyens d'y arriver. Attendons et espérons.

FIN.

www.ingramcontent.com/pod-product-compliance
Lightning Source LLC
Chambersburg PA
CBHW061344060726
47597CB00003B/716